BEAUTY ILLUSTRATION WORKBOOK

뷰티 일러스트레이션 워크북

구민사

저자 약력

오수나
- 서경대학교 미용예술학 박사
- 現) 정화예술대학교 미용예술학부 교수

김유경
- 서경대학교 미용예술학 박사
- 서경대학교 미용예술학부 겸임교수
- 現) 메이크업 아트웍 대표

박혜원
- 건국대학교 의류학과 박사과정
- "My first eyebrows" 일러스트레이터
- 現) 정화예술대학교 미용예술학부 겸임교수

정혜영
- 성신여자대학교 일반대학원 의류학과 박사수료
- "툴 아트" 대표
- 現) 서경대학교 미용예술학부 겸임교수

조애라
- 광주여자대학교 교육대학원 석사
- 現) 정화예술대학교 미용예술학부 교수

뷰티 일러스트레이션 워크북

초 판 인 쇄 | 2021년 3월 20일
초 판 발 행 | 2021년 3월 30일

저　　　자 | 오수나 김유경 박혜원 정혜영 조애라
발　행　인 | 조규백
발　행　처 | 도서출판 구민사
　　　　　　(07293) 서울시 영등포구 문래북로 116, 604호(문래동 3가 46, 트리플렉스)
기 획 · 편 집 | 주은혜
전　　　화 | (02) 701-7421~2
팩　　　스 | (02) 3273-9642
홈 페 이 지 | www.kuhminsa.co.kr
신 고 번 호 | 제2012-000055호(1980년 2월 4일)

I S B N | 979-11-5813-913-1(93590)
정　　　가 | 23,000원

이 책은 구민사가 저작권자와 계약하여 발행했습니다.
본사의 서면 허락 없이는 어떠한 형태나 수단으로도 이 책의 내용을 이용할 수 없음을 알려드립니다.

머 리 말

How to illustration!

　뷰티 일러스트레이션 워크북은 뷰티 전공자들의 뷰티 일러스트레이션을 위한 입문서로 기초 드로잉 과정을 중심으로 집필되었습니다. 많은 것들이 디지털화 되어가고 있고 일러스트의 방식도 다양화되어 가고 있으나 뷰티 일러스트레이션 워크북은 모든 작업이 드로잉에 기반하고 있음을 잊지 않으며 여러분의 드로잉 기본기의 토대가 될 수 있도록 가이드 역할에 충실하고자 하였습니다.

일러스트의 기초는 선의 사용에 있습니다.
　선의 강약, 굵기, 명암, 양감 등 드로잉의 토대가 되는 것이 바로 선의 사용입니다. 뷰티 일러스트레이션 워크북은 뷰티 일러스트에서 기본이 되는 선의 사용과 이목구비의 다양한 연습, 각도에 따른 얼굴을 많이 연습하도록 세분화하였습니다. 또한 인물 드로잉에 익숙하지 않은 학습자를 위하여 단계적으로 연습하는 방식을 채택함으로써 일러스트를 배우지 않은 초보자들도 쉽게 일러스트를 표현할 수 있도록 구성하였습니다. 여성과 남성의 차이를 쉽게 표현할 수 있도록 얼굴의 특징을 수치로 나타내었고 단계별로 많은 연습이 될 수 있도록 구성하며 다양한 작품의 예시를 통하여 일러스트의 확장성을 보여주고자 노력하였습니다.

　실기의 토대가 되는 이론으로는 일러스트의 정의 및 개념과 역사, 일러스트가 활용되는 다양한 분야와 재료의 활용을 다루어 뷰티전공자에게 꼭 필요한 지침서 역할을 충분히 하리라 생각됩니다.

　끝으로 이 책이 구상되고 출판되기 위해 많은 도움을 주신 조규백 대표님과 편집부 여러분들께 깊은 감사를 드립니다.

저자일동

CONTENTS 목차

01 일러스트레이션

1. 일러스트레이션의 개념   8

2. 일러스트레이션의 분류   8
- 1) 시사 일러스트레이션   8
- 2) 광고 및 포스터 일러스트레이션   9
- 3) 그림책 일러스트레이션   10
- 4) 테크니컬 일러스트레이션   11
- 5) 캐릭터 일러스트레이션   13
- 6) 책표지 일러스트레이션   14
- 7) 애니메이션 일러스트레이션   15
- 8) 스토리보드 일러스트레이션   16
- 9) 3D 일러스트레이션   16
- 10) 디지털 일러스트레이션   18
- 11) 뷰티 일러스트레이션   20
- 12) 패션 일러스트레이션   23

02 기초 드로잉

1. 드로잉의 개념   28

2. 재료   28
- 1) 종이   28
- 2) 지우개   28
- 3) 연필   29
- 4) 콩테   29
- 5) 색연필   30
- 6) 펜   30
- 7) 수채화 물감   31
- 8) 아크릴 물감   32
- 9) 파스텔   33
- 10) 마카   33
- 11) 목탄   34
- 12) 찰필   34
- 13) 에어브러시   35

03 얼굴 그리기 기초 드로잉

1. 선   38
- 1) 직선   38
- 2) 곡선   42

2. 명암과 양감   48
- 1) 명도   48
- 2) 구 그리기   50
- 3) 원기둥 그리기   54
- 4) 정육면체 그리기   58

3. 이목구비 그리기   62
- 1) 눈 그리기   62
- 2) 코 그리기   64
- 3) 입 그리기   66
- 4) 귀 그리기   68

4. 머리카락 그리기   132
- 1) 스트레이트   132
- 2) 웨이브   134
- 3) 땋기   138

04 얼굴 그리기 실전 드로잉

1. 정면 얼굴 — 144
- 1) 비율에 따른 여자 정면 얼굴 스케치 — 144
- 2) 여자 정면 얼굴 연습 — 145
- 3) 여자 정면 얼굴 — 148
- 4) 비율에 따른 남자 정면 얼굴 스케치 — 152
- 5) 남자 정면 얼굴 연습 — 153
- 6) 남자 정면 얼굴 — 156

2. 45도 얼굴 — 160
- 1) 비율에 따른 여자 45도 얼굴 스케치 — 160
- 2) 여자 45도 얼굴 연습 — 161
- 3) 비율에 따른 남자 45도 얼굴 스케치 — 164
- 4) 남자 45도 얼굴 연습 — 165

3. 90도 얼굴 — 168
- 1) 비율에 따른 여자 90도 얼굴 스케치 — 168
- 2) 여자 90도 얼굴 연습 — 169
- 3) 비율에 따른 남자 90도 얼굴 스케치 — 172
- 4) 남자 90도 얼굴 연습 — 173

05 재료에 따른 표현 기법

1. 연필 — 178
2. 색연필 — 180
3. 수채화 — 192
4. 유화 — 193
5. 아크릴 컬러 — 194
6. 펜 — 195
7. 파스텔 — 197
8. 에어브러시 — 198
9. 콜라쥬 — 200

참고문헌 — 207

Beauty Illustration Workbook

Part1 일러스트레이션

1. 일러스트레이션의 개념

2. 일러스트레이션의 종류

1 일러스트레이션의 개념

일러스트레이션(Illustration)이란 시각적으로 어떤 의미를 전달하거나 내용의 이해를 돕기 위하여 끼워 넣는 삽화나 사진, 도안을 통틀어 이르는 말로 디자인 활용분야 및 영상매체 등 널리 활용되고 있다. 최초의 일러스트레이션은 원시시대의 동굴벽화로 인식되며, 현재에는 글을 보조하던 삽화의 수준에서 시각적인 강한 정보전달력을 가진 도구로써 한층 더 그 중요성이 인식되고 있다.

일러스트레이션의 라틴어의 어원은 'illumination'으로 '영적이거나 지적인 계몽'을 의미하며 '문서를 활력적으로 표현한다'는 뜻을 가졌고 어근인 'illstrare'는 '밝게 하다', 'illstratio'는 '불을 밝힘' 등의 뜻을 가지고 있다. 또한, 연관용어인 'illusory' 혹은 'illusion'을 어근을 끊어서 살펴보면 '환상과 같은 머릿속의 이미지'라는 뜻을 지닌다. 이처럼 일러스트레이션의 어원에서 보는 것처럼 일러스트레이션은 그림이라는 단순화된 행동이 아닌 인간의 인식에서 오는 시각적 전달이나 이미지에서 보여지는 감동을 주는 작업이라고 할 수 있다.

일반적으로 일러스트레이션의 활용 분야는 신문이나 잡지의 만화, 시사만평 기사 속의 그림, 각종 애니메이션, 단행본이나 교과서의 삽화, 동화책 그림 등의 직유, 은유, 사실, 추상 등을 표현하는 꾸밈행위로 상대에게 어떤 의미나 내용을 전달하기 위하여 사용되고 있다. 이처럼 회화적 표현의 전반을 일컫는 개념인 일러스트레이션의 기본적인 역할인 정보전달의 목적을 달성하기 위해서는 일러스트레이션이 가져야 하는 기본요소가 요구된다. 일러스트레이션은 이해하기 쉬우면서 개성적이며 상상력이 풍부하고 시각적으로 소구력이 강한 이미지를 표출할 수 있어야 하며 창의적이고 개성있는 아이디어와 전문가적 예술적 감각과 더불어 이를 시각적으로 표현하기 위한 디자인이 수행되어야 하며 이와 더불어 숙련된 테크닉으로 일러스트레이션의 완성도가 높아야 한다. 요즘의 일러스트레이션의 활용도는 좀 더 다양화되고 있으며 SNS(Social Network Service) 공간에서 많이 활용하고 있는 이모티콘도 일러스트레이션의 일종으로 볼 수 있다.

2 일러스트레이션의 분류

일러스트레이션은 크게 매체별, 내용별로 분류할 수 있으며, 매체별 일러스트레이션은 출판과 영상으로 나눌 수 있다. 출판 일러스트레이션은 좁은 의미로 잡지나 신문, 단행본, 간행물 등의 출판매체에 들어가는 그림 등을 말한다. 보다 넓은 의미로는 각종 인쇄물에 들어가는 사진이나 도표, 컴퓨터 그래픽 등의 시각적 이미지를 포함한다. 영상 일러스트레이션은 TV, 컴퓨터, 비디오 등의 영상매체에 쓰이는 그림 및 애니매틱(Animatic) 일러스트레이션을 말한다.

내용별 일러스트레이션은 시사 일러스트레이션, 광고 및 포스터 일러스트레이션, 출판일러스트레이션, 그림책 일러스트레이션, 북 커버 일러스트레이션, 테크니컬 일러스트레이션, 애니메이션 일러스트레이션, 캐릭터 & 캐리커처, 뷰티 일러스트레이션, 패션 일러스트레이션 등 산업 전반의 다양한 분야에서 다채롭게 활용되고 있다.

1) 시사 일러스트레이션

사회에서 발생하는 중요하고 흥미있는 사실이나 사건들에 대한 뉴스와 정보 및 의견을 대중에게 제공하고자 하는 목적으로 표현된 일체의 일러스트레이션을 의미하며 신문, 잡지 등의 대중매체를 통해서 독자들에게 사회적 사건, 정보전달 등을 목적으로 한다.

2) 광고 및 포스터 일러스트레이션

광고 일러스트레이션은 대중을 상대로 상품이나 이미지를 알리기 위한 판촉그림, 홍보물, 달력 등 다양한 시각적 광고 그림을 의미한다. 주로 사진으로 표현할 수 없는 부분을 사실적으로 묘사하거나 컴퓨터 프로그램을 사용하여 고객들에게 제품의 이미지 등을 뚜렷하게 인식시키고자 하는 마케팅의 목적을 가진다. 포스터는 정보 디자인의 의미를 지닌 시각 디자인의 가장 보편적이고 오래된 형식이며, 광고나 홍보물의 메시지를 전달하거나 특정한 정보를 많은 사람들에게 알리기 위한 시각적 이미지를 효과적으로 구성한 모든 조형 결과물이라고 할 수 있다. 전달할 내용을 일정한 지면이나 직물 등에 한눈에
알 수 있도록 표현하는 선전이나 광고매체이며 카탈로그, 광고, 포스터 등에서 광고의 효과를 극대화하기 위해 그 광고의 콘셉트를 잘 표현할 수 있는 일러스트레이션을 활용하고 있으며 판촉물의 성격과 광고의 콘셉트가 잘 어울리도록 테크닉이나 구성을 보다 신중하고 효과적으로 조화시켜야 한다.

3) 그림책 일러스트레이션

어린이를 위한 책에 글과 함께 들어간 그림으로 어린이들의 상상력과 사고력을 증진시키기 위한 교육적 목적으로 사용된다. 그림책에서 일러스트레이션은 유아로 하여금 시각적인 탐색, 해석, 감상을 할 수 있는 유쾌한 기회를 제공하며 흥미를 유발시키고 앞으로 전개될 이야기의 단서를 제공함으로써 본문의 내용을 확장시켜 준다. 그림책 일러스트레이션은 글의 묘사에 주로 활용되고 주인공의 개성과 성격을 표현하며 동화적인 판타지 기법으로 표현된다. 특히, 아름다운 컬러와 다양한 형태의 변이로 탄생된 캐릭터를 통해 '시각적 해방감'을 주며, 어린이 독자들에게는 그림책이 주는 흥미진진한 문학적 체험은 지루한 정보 입력 학습과 더불어 또다른 감동과 진한 여운을 남겨주어 글보다 강한 이미지를 표현하고 있다. 상상의 세계에서만 가능한 동물의 의인화된 캐릭터는 친근감을 주고 이야기를 시각적으로 전달하며 나아가 책을 즐기는 데 있어 중요한 역할을 한다.

4) 테크니컬 일러스트레이션

비행기나 자동차 모터사이클 등 기계내부의 구조 및 성능 또는 인체나 식물의 구조등을 설명적으로 표현함으로써 보는 사람으로 하여금 일목요연하게 이해시키고자 하는 그림을 말한다. 여기에는 기계구조를 설명하기 위한 것(Mechanical), 인체 내부를 설명하기 위한 것(Medical), 동식물 도감류(Plant & Animal Chart), 지형도(Geographical Map) 그리고 도표(Illustruated Graph/Chart) 등이 있다.

전문적인 지식과 치밀한 표현기법이 요구되며, 개인의 주관적 표현이나 양식을 반영할 수 없는 특징이 있다. 기계구조 등의 설명도는 매커니컬 일러스트레이션, 인체구도 등의 설명도인 메디컬 일러스트레이션도 테크니컬 일러스트레이션의 범주에 들어간다.

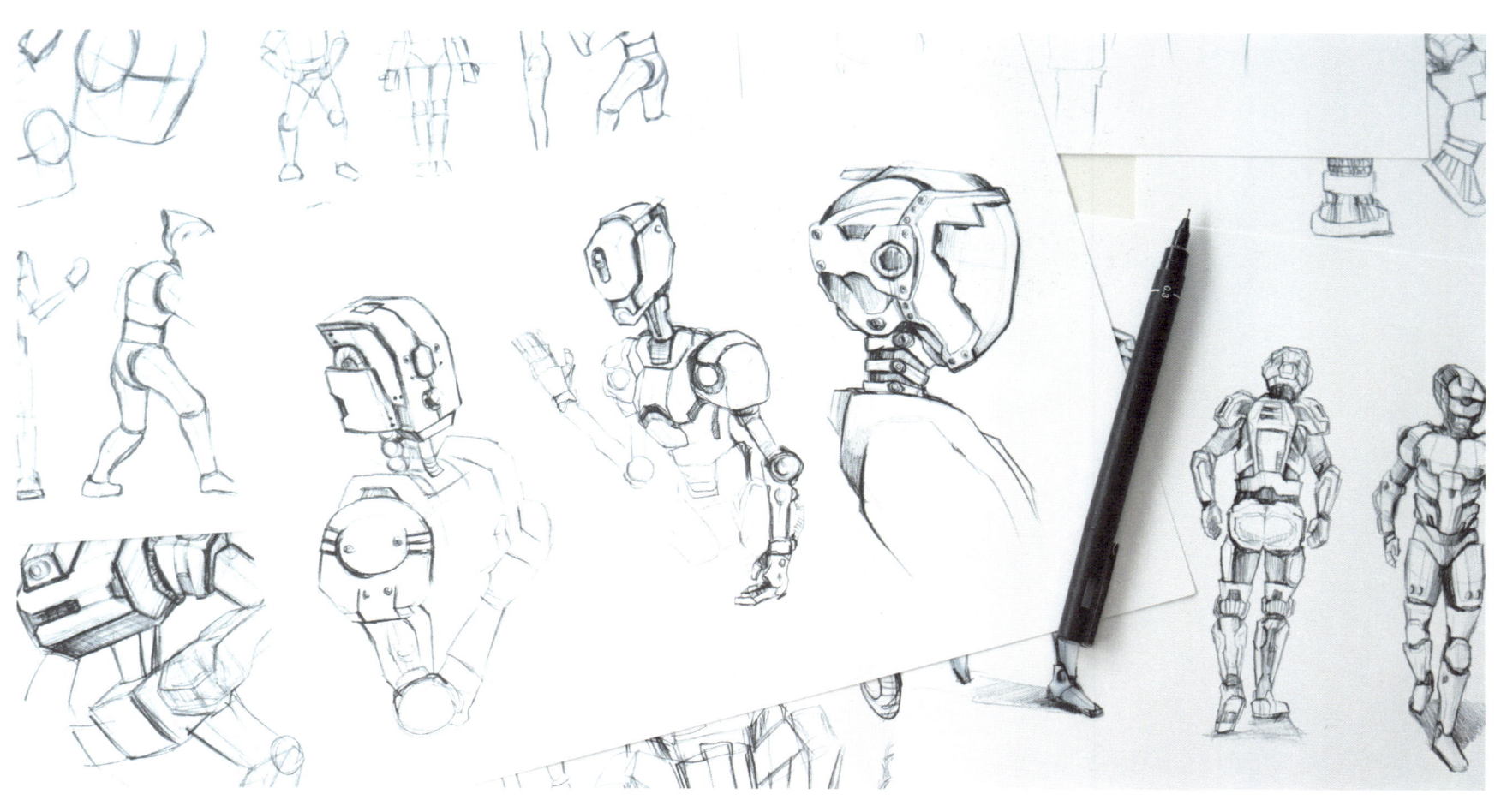

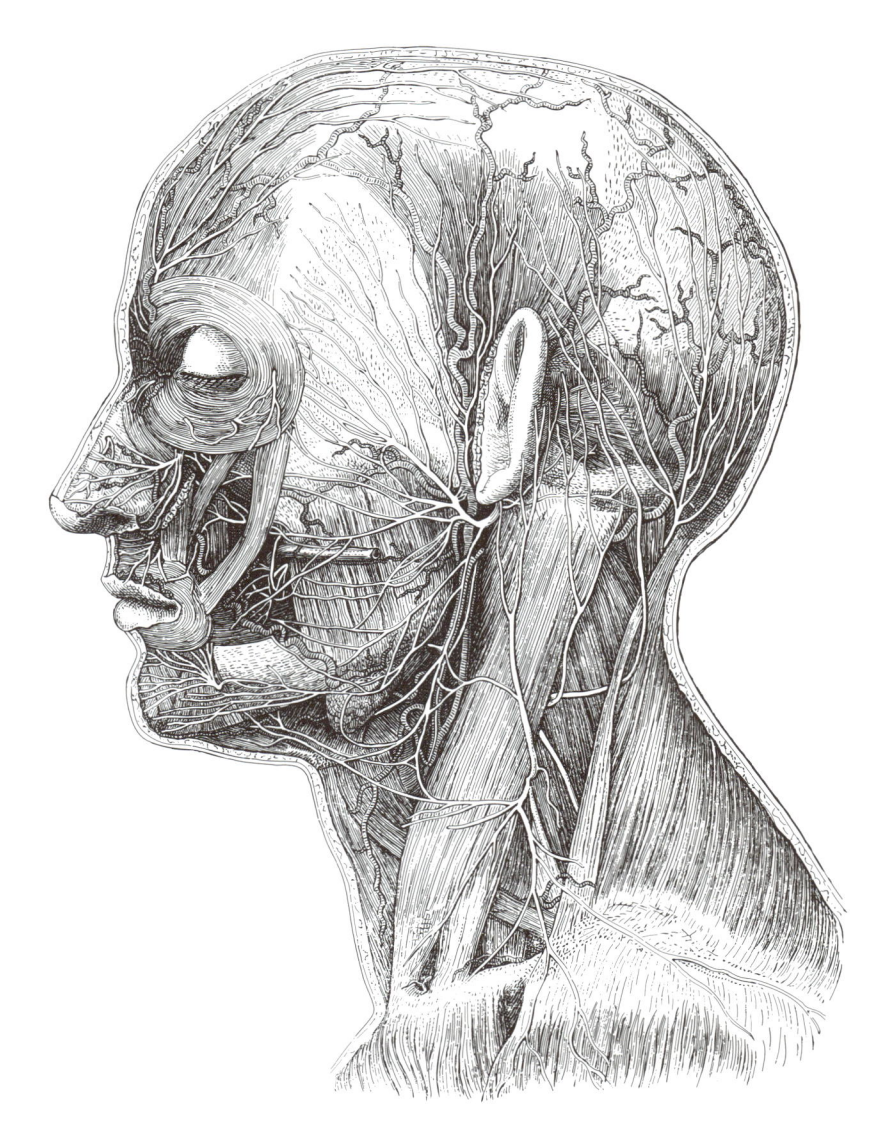

5) 캐릭터 일러스트레이션

캐릭터(Character)는 원래 성격, 인물, 성징, 특성, 소설이나 영화, 연극 등의 등장인물을 말하는 것으로 인격이란 의미의 퍼스낼리티(Personality)를 의미하기도 한다. 가공의 인물, 동물, 의인화된 동물을 일러스트 등으로 시각화한 것을 의미하는데 신체의 일부를 괴상하거나 우스꽝스럽게 과장시켜 주로 익살, 유머, 풍자 등의 효과를 노려서 그린 그림이다. 펜이나 화필로 그리는 약화(略畵)나 판화, 일러스트레이션 등의 형식을 취하여 그리며 그림에 따라 짧은 설명을 덧붙이기도 한다. 또한 패션 일러스트레이션과 뷰티 일러스트레이션은 캐릭터를 표현하는 방법으로 크게 분류한다면 캐릭터 표현을 위한 일러스트의 범주에 들어간다.

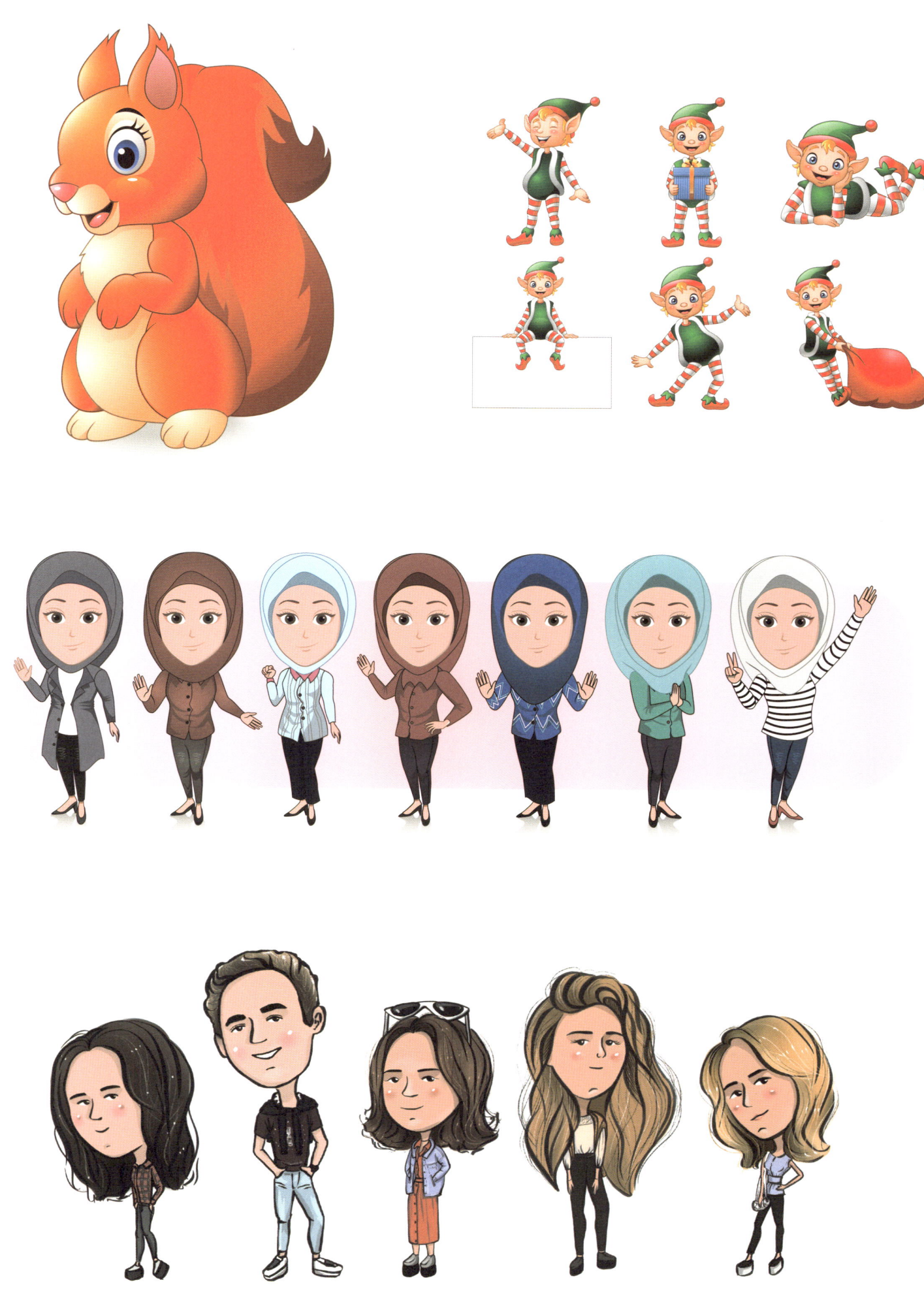

6) 책표지 일러스트레이션

출판물 일러스트는 본문과 신문 및 잡지의 글과 함께 들어간 그림으로 출판 분야에 따라 다르지만 책의 전반적인 내용과 주제와 관련된 모든 그림을 말한다. 에세이, 소설, 시집, 동화책 등의 표지그림으로 책의 마케팅 효과를 위해 광고성의 그림으로 자리잡고 있다.

출판물 일러스트는 본문과 신문 및 잡지의 글과 함께 들어간 그림으로 출판 분야에 따라 다르지만 책의 전반적인 내용과 주제와 관련된 모든 그림을 말한다. 에세이, 소설, 시집, 동화책 등의 표지그림으로 책의 마케팅 효과를 위해 광고성의 그림으로 자리잡고 있다.

7) 애니메이션 일러스트레이션

영화와 더불어 급속적으로 발전한 영상 미디어의 한 장르로써 TV/Film 일러스트레이션이라고도 한다. 일반적으로 만화영화를 지칭하는 것이지만, 움직임이 없는 무생물적인 존재를 여러 번에 걸쳐 변형시킴으로써 생명력 있게 움직이는 것 같은 착각을 일으키도록 하는 그림을 말한다.

8) 스토리보드 일러스트레이션

영화촬영의 장면 컷으로 시놉시스에 따른 대본의 장면의 느낌이나 배경의 뉘앙스를 표현하여 작품제작의 사전협의 과정 및 전개과정에서 쓰인다. 또한, CF제작이나 뮤직비디오 등 다양한 영상매체의 사전작업으로 활용되고 있다.

9) 3D 일러스트레이션

3D 일러스트레이션은 현실감 있는 표현을 위해 입체 형식으로 나타내는 일러스트레이션으로 잡지의 광고 및 어린이용 교재 또는 어린이를 위한 텔레비전 화면용, 교재 또는 특수효과를 연출하기 위해서도 만들어지고 있다. 입체라는 특성으로 주제를 더욱 현실감 있고 생동감 있도록 표현하는 데 도움을 준다. 최근에는 인쇄뿐만 아니라 공간에서 나무나 철, 전자부품과 같은 소재에서부터 종이, 지점토, 석고 직물에 이르기까지 소재가 다양해지고 있다. 기업의 포스터나 의학과 생물학 등 강한 시각적 효과를 주고자 하는 광고나 영상 홍보물 제작을 위한 입체 일러스트레이션 작품도 많이 출현하고 있다.

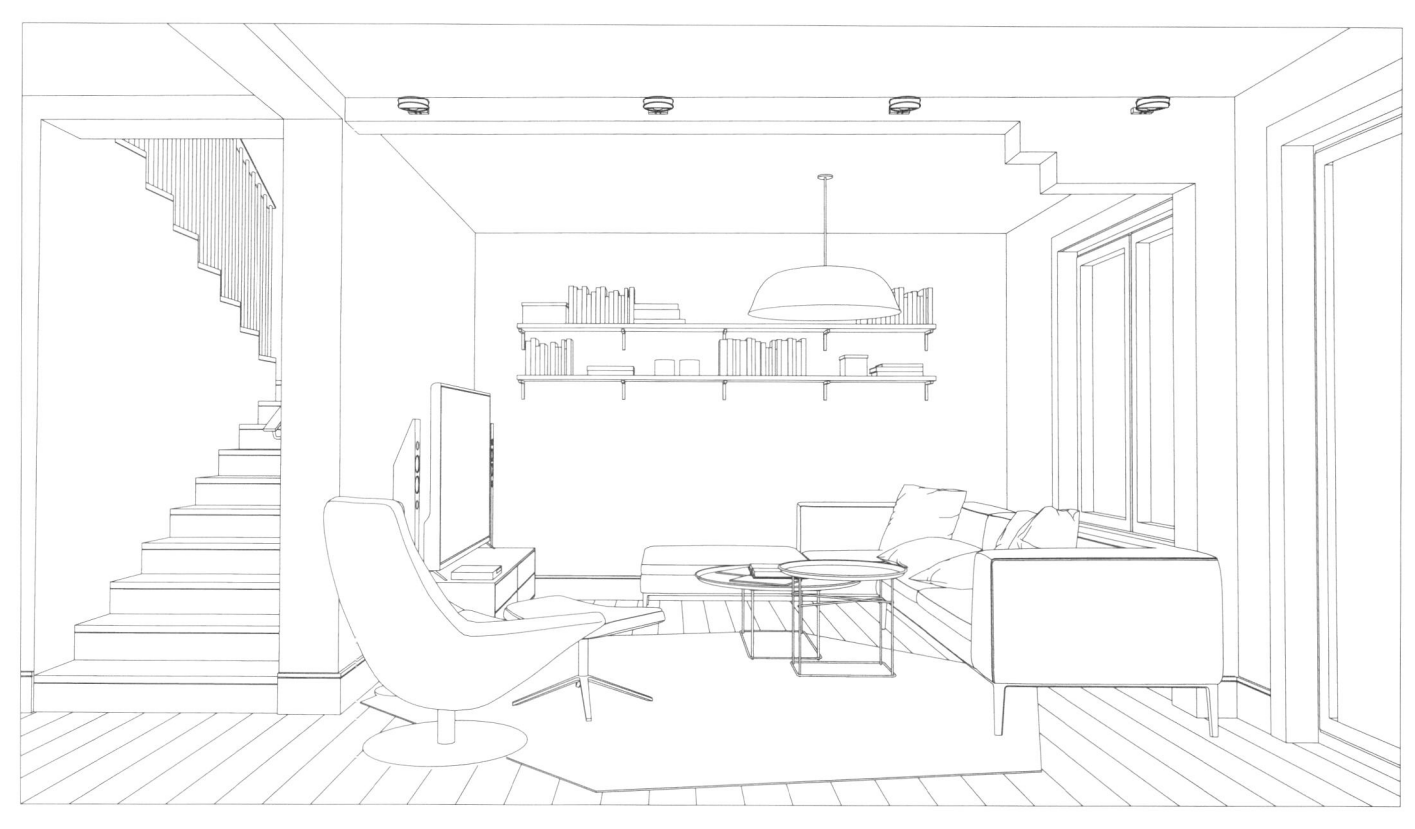

Lorem Ipsum

Dolor sit amet, pri id sonet noster dolo rum. Appareat referrentur mel ea, an quo viris maluisset. Pro persius deleniti adipisci ut. Usu modo adipisci inciderint ei. Pri quod maio rum te, nobis singulis ex est.

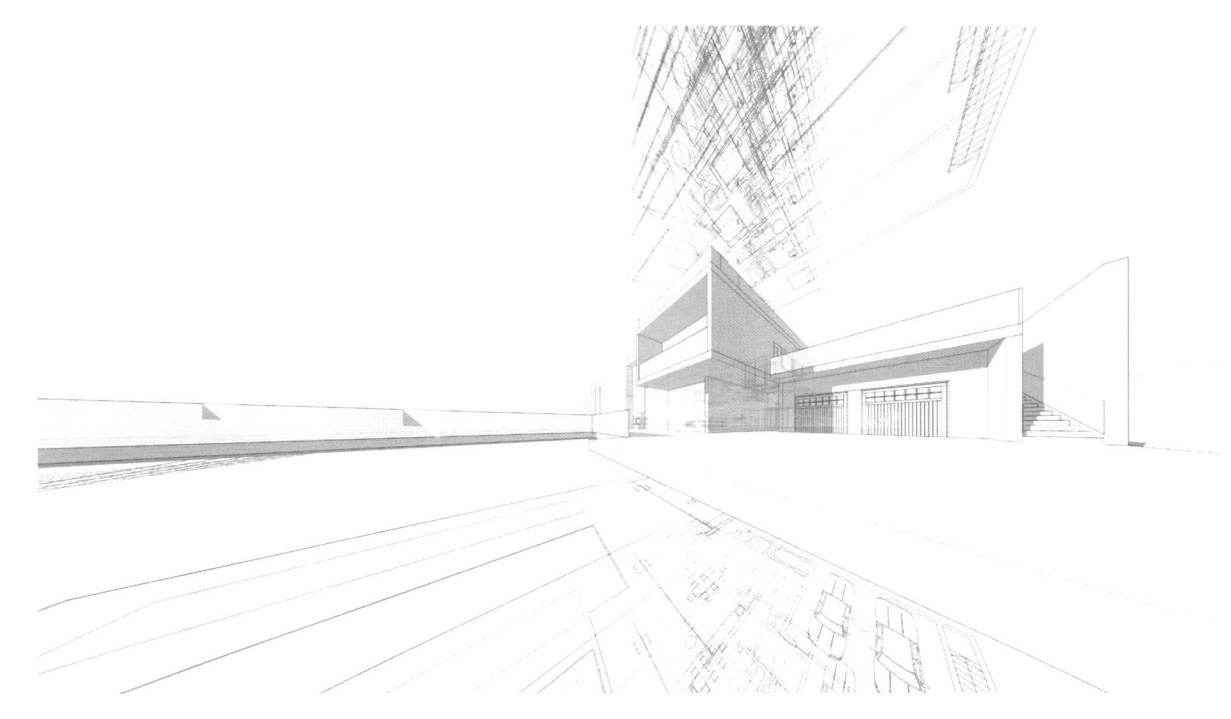

10) 디지털 일러스트레이션

컴퓨터 그래픽스(Computer Graphics, CG)는 1960년대 컴퓨터의 기술적인 개발로 시각적 이미지를 컴퓨터로 형상화한 것으로 영화제작에 주로 쓰이며 비약적인 발전을 하였다. 수많은 상업 영상제작과 관련 분야에 있어 컴퓨터 일러스트레이션이 활용되고 있으며 컴퓨터 게임으로 시작된 영상물은 실사에 가까운 현실감으로 온라인 게임의 캐릭터 표현이나 일러스트레이션으로 계속적으로 발전되고 있다. 디지털 일러스트레이션의 작업 도구로는 '코럴페인터', '어도비 포토샵 스케치', '어도비 일러스트레이터' 등의 프로그램 등이 개발되어 다양한 디지털 일러스트레이션을 표현하는 데 활용되고 있다. 현재에는 모바일폰으로 앱을 설치하며 누구나 손쉽고 편하게 사용할 수 있을 정도로 대중화 및 다양화되고 있다.

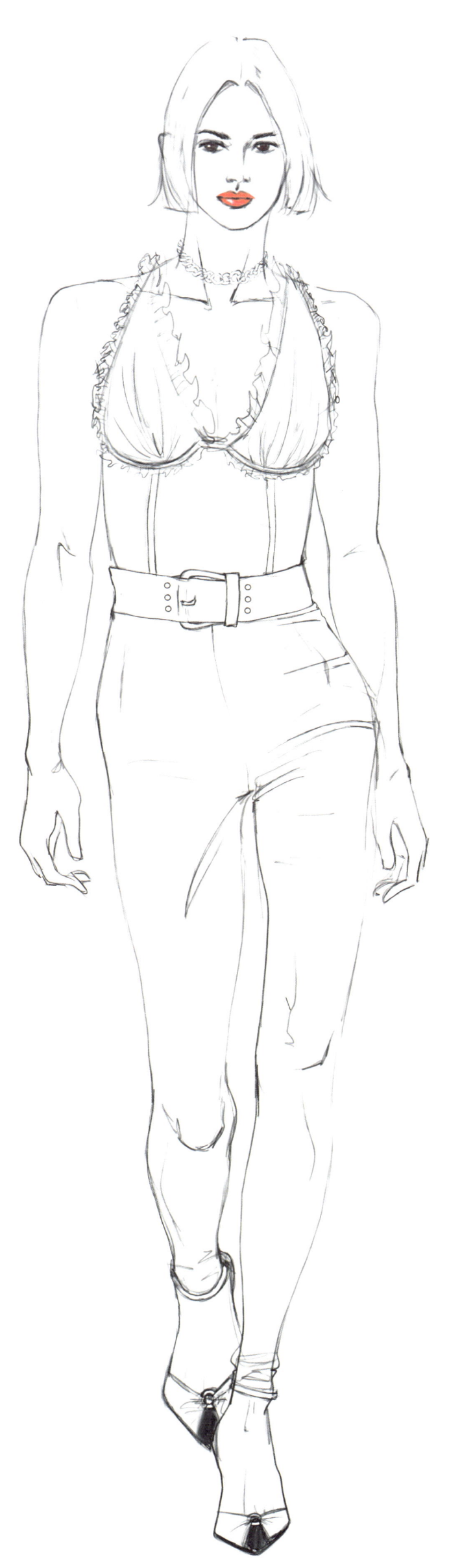

11) 뷰티 일러스트레이션

뷰티(Beauty)일러스트레이션은 메이크업(Make-up), 헤어(Hair), 에스테틱(esthetic), 네일아트(nail art)분야의 뷰티아티스트들이 자신의 아이디어를 스케치하거나 타인에게 이미지를 정확하게 전달하기 위하여 색채와 형태로 시각화한 것을 뷰티 일러스트레이션이라 한다. 메이크업을 주제로 발전된 일러스트레이션의 한 영역으로 그림을 통해 메이크업을 표현하는 것으로 메이크업 및 헤어스타일 디자인을 전달하기 위해 얼굴과 헤어스타일이 표현의 주제가 된다. 사실적으로 표현하는 것이 일반적이나 표현기법과 재료 또한 다양해지고 있으며, 트렌드와 스타일에 따라서 창의적이고 과감하게 표현하기도 한다.

(1) 조형 예술적 특성

독창적이고 뛰어난 메이크업 일러스트레이션은 예술적 조형능력을 통해서 시각적 작품으로 완성된다. 디자인 구성과 발상에 있어서도 참신하고 독특한 아이디어가 필요하나 가장 문제가 되는 것은 높은 수준의 표현 테크닉을 통해 대상을 효과적으로 표현해내는 것이다. 메이크업의 표현을 효과적으로 전달하기 위한 목적으로써의 뷰티 일러스트레이션은 인체와 얼굴에 대한 정확한 이해를 기본으로 조형성 있는 인물표현과 이목구비의 정확한 조형미를 바탕으로 작업을 함으로써 대중의 감성에 호소하는 효과를 불러일으킬 수 있어야 한다. 트렌드를 반영한 뷰티 일러스트레이션은 이미지화로써 모든 예술품이 시대성을 반영하는것과 마찬가지로 현대의 시대적 감각과 독창적인 감성을 기반으로 작품의 가치를 높이고 있다. 뷰티 일러스트레이터는 개성과 독창성이 담긴 자신만의 독자적인 모델이미지, 테크닉, 스타일을 개발하고 발전시키는 것이 무엇보다 중요하며 실용적인 측면 뿐만아니라 예술적인 영역으로까지 그 가치를 넓힐수 있어야 한다.

(2) 기능과 역할

① 메이크업 컨셉의 시각적 전달

메이크업 일러스트레이션은 표현하고자하는 대상물을 모호한 언어보다 좀더 구체적인 시각적표현으로 이미지와 색을 객관적으로 표현하고 설명하는 역할을 수행하고 있다. 메이크업 디자인의 아이디어를 시각적으로 실체화시키는 표현도구로써의 중요한 기능을 갖는다. 또한 메이크업 일러스트레이션은 상업적인 목적을 내포하고 다양한 매체를 통해 다수에게 메이크업 메시지를 전달하는 목적으로 그려진다. 그에 따라 특성과 목적에 맞는 비쥬얼 커뮤니케이션의 역할을 하고 있다. 메이크업 아티스트는 뷰티 일러스트레이션의 작업을 통해 메이크업 디자인의 아이디어를 시각화시키며 더 발전된 디자인 시안작업으로 메이크업의 완성도를 높일수 있는 사전작업을 하게 된다. 모델과의 사전 작업의 도해도로써 뷰티디자인을 하기 위한 아티스트의 관점에서 자유롭게 표현해 볼 수 있다. 메이크업 컨셉에 맞는 이미지를 구현하기 위해서는 구상 및 질감, 디테일 등 메이크업에 관한 디자인 조형요소의 이해 및 색상이나 표현기법에 대한 기본적인 숙지가 필요하다. 그에 따라 특성과 목적에 맞는 비쥬얼 커뮤니케이션의 역할을 갖는다. 디자인 스케치라는 개념에서 뷰티 일러스트레이션은 드로잉을 기본으로 하고 있으며 아티스트의 손으로 그려낸 스케치로 현실화되는데 이 디자인 스케치야 말로 메이크업 아티스트의 창의적인 결과물이다. 메이크업 아티스트가 구상하고 있는 디자인적 영감 또는 발생 아이디어를 개략적으로 설명하거나 디테일하게 표현하는 창작방법으로서의 가치를 갖는다.

② 트렌드와 이미지를 기록하는 역할

사진이 발달되기 전 그림은 기록의 목적으로 발달해온 것으로 시대적인 사실들을 표현하고 기록하는 고유의 역할을 갖고 있다. 트렌드의 변화를 시각적으로 작업하는 메이크업 일러스트레이션은 빠르게 변화하는 트렌드와 스타일 기록함으로써 사회적, 문화적 변화를 기록하는 역할을 수행하고 있다. 메이크업의 메시지는 시대와 트렌드를 고려하여 인체나 얼굴, 색상, 디자인, 화면구성에 민감하게 반영되며 변화하는 시대적 감각과 특성들을 적절하게 적용하고 응용하여 그 시대가 추구하는 새로운 스타일을 전달하는 것이 메이크업 일러스트레이션의 원초적 목적이자 매력이다. 또한, 디자인 스케치라는 개념에서 뷰티 일러스트레이션은 드로잉을 기본으로 하고 있으며 스케치로 현실화된다. 뷰티 일러스트레이션 디자인 스케치야말로 메이크업 아티스트의 창의적인 결과물이며 아티스트가 구상하고 있는 디자인적 영감 또는 발생 아이디어를 개략적으로 설명하거나 디테일하게 표현함으로써 메이크업의 이미지 창출에 큰 역할을 하고 있다.

③ 메이크업 전문지, 트렌드지의 광고 및 판매 촉진

메이크업 전문지나 트렌드지 같은 경우, 메이크업의 경향을 시각적인 정보를 통해 제시하는 것을 가장 중요한 목적으로 하고 있다. 따라서 세부적인 디테일과 질감의 표현을 명확하게 표현해주어야 한다. 메이크업 일러스트는 메이크업 전문지와 패션관련 잡지들을 통해 정보를 전달하고 있으며 사진이 보급된 후에도 꾸준히 시각적인 정보를 전달할 때 사용되어지고 있다.

카달로그, 광고, 포스터 등에서 광고의 효과를 극대화하기 위해 그 광고의 컨셉을 잘 표현할 수 있는 메이크업 일러스트레이션을 활용하기도 한다. 판촉물의 성격과 광고의 컨셉이 잘 어울리도록 하기 위해서 테크닉이나 구성을 보다 신중하고 효과적으로 조화시켜야 한다.

12) 패션 일러스트레이션

패션 일러스트레이션은 패션과 일러스트레이션의 합성어로 패션은 '만드는 일', '만듦새'라는 라틴어 'fatio'에서 유래되었으며, 주로 복장 등이 특정한 시대에 유행하는 일을 뜻한다. 8등신이 주로 사용되며, 의도하는 분위기를 연출하기 위해 헤어스타일과 메이크업, 악세사리의 형태와 색상, 질감을 조화롭게 표현한다. 넓은 의미로 복식의 단순한 도해에서부터 패션이미지를 나타낸 고도의 예술적 표현에 이르기까지 복식에 대한 정보 또는 이미지 전달을 위한 도안, 그림, 사진 일체를 의미한다. 17세기 이후 본격적으로 등장한 패션 일러스트레이션은 초기에는 의상 도해를 보여주는 역할에 지나지 않았지만 20세기 이후 새로운 예술 경향과 패션 트렌드의 등장으로 패션 일러스트레이션은 그 자체로서 능동적 창작수단으로서 받아들여지고 있다. 따라서 시대가 변화 발전되면서 다양한 기법과 재료들로 새로운 개념의 패션 일러스트레이션이 탄생하고 있다.

인체가 적용하지 않은 옷만을 표현할 수도 있으나, 의복의 생동감을 부여하고 인체의 아우라에서 나오는 전체적인 패션 이미지를 표현하기 위해 인체가 의복을 착장한 모습을 많이 그리게 된다.

패션디자인의 디자인 발상을 구체적으로 표현하기 위해 의상의 문양과 색채, 장신구 등을 그림으로 시각화한다. 의상을 입었을때의 모델의 이미지를 형상화하는 작업으로 의상을 입었을때의 스타일뿐만 아니라 의상에 어울리는 분위기를 묘사하는 디테일을 표현하는 방식이다. 의상의 느낌에 따라 다양한 재료를 선택하여 표현하며 도식화와 더불어 사실적인 묘사의 디테일을 표현하기도 한다. 또한 분위기 및 환상적인 이미지를 표현하는 생략기법 등 이제는 하나의 예술적인 영역의 작품으로 인정받고 있다. 색연필, 파스텔, 콜라쥬, 수채화 등의 다양한 재료와 기법을 사용할 수 있다.

Beauty

02

Beauty Illustration Workbook

Part2 기초 드로잉

1. 드로잉의 개념

2. 재료

1 드로잉의 개념

작가가 표현하고자 하는 이미지에 대하여 색보다 선으로 묘사하는 그림으로 데생(dessin) 또는 소묘와 동일한 개념으로 사용하고 있으며, 회화의 드로잉과 애니메이션 드로잉은 그 표현이 사뭇 다르다고 할 수 있다. 즉, 회화의 드로잉은 작가의 의도와 스타일에 따라 아무런 제약 없이 자유롭게 그린다면, 애니메이션 드로잉은 작품의 의도와 스타일에 따라 동일한 또는 일정한 질량이 옮겨지면서 움직임을 만들어낼 수 있도록 그려야 한다. 작가의 생각을 일반적으로 채색을 하지 않고 주로 선으로 그리는 회화 표현, 스케치는 실제 대상을 보고 그린 것이지만 드로잉은 머릿속의 생각을 그리는 것이다.

2 재료

1) 종이(Paper)

표면의 질감이나 두께에 따라 다양한 표현이 가능하며 재질과 두께감에 따라 다양한 종이를 사용하고 있다.
- 켄트지(Kent) : 스케치 및 그림 그리기에 적합한 종이로 일반적인 스케치북으로 사용하고 있다.
- 와트만(whatman) : 일반적으로 수채화 그리기에 적합한 종이 그램수에 따라 종이의 두께감이 다양하다.
- 트레싱(tracing), 트레팔(trapal) : 반투명한 특징이 있어 밑그림을 대고 그릴 수 있는 종이이다.
- 마시멜로(mashmallow) : 매끄러운 표현의 레이저 및 잉크젯 출력에 적합한 종이이다.
- 아트(art)/스노(snow) : 유광, 반광 등의 다양한 용도로 사용된다. 무게감이 있어 명함으로 주로 많이 사용된다.
- 크라프트(kraft) : 목재에서의 크라프트 펄프를 원료로 만든 종이로, 강하고 표면이 비교적 깔깔하다. 보통은 미표백 펄프로 만들고 갈색을 띠는데, 반표백 또는 표백 펄프를 사용해서 담갈색 또는 백색을 띠는 것도 있다. 포장용에 널리 쓰이는 외에 시멘트 포대, 식료품 봉투, 고무 바른 실, 테이프, 아스팔트지, 파라핀지, 전선 피복용지, 전기 절연지, 연마지 등으로 가공하여 사용된다.

2) 지우개(Eraser)

지우개는 불필요한 선을 지울 때 사용하기도 하지만, 하이라이트 부분을 표현하기 위해서 형태를 완성하는 용도로 사용된다. 사선형으로 잘라 하이라이트 부분을 지워서 표현하기도 하고 둥근 형태 면으로 찍어서 자연스럽게 그러데이션을 필요로 할 때 사용한다. 샤프처럼 지우개를 교체해서 사용하는 제품도 있어 섬세한 부분의 하이라이트나 지우는 용도로 쓰기에 용이해지고 있다. 지우개 잔여는 지우개 전용 브러시로 쓸어서 잔여물이 남지 않도록 한다.

3) 연필(Pencil)

연필은 드로잉의 가장 기초적인 표현 도구로 선의 굵기와 강약 조절, 터치의 부드러움과 거칠고 강하게 표현하는 사용감에 따라 명암 및 질감 등, 다양한 분위기를 표현할 수 있다. 흑백의 명암법을 이용하여 사물과 인체의 입체감을 표현하는데, 가는 선을 여러 번 겹쳐서 표현하거나 선을 문질러 부드럽게 그러데이션 되는 효과를 낼 수 있다.

연필은 흑연과 점토 등의 원료를 이용하여 만든 것으로 배합비율에 따라 HB나 4B와 같이 알파벳 숫자의 조합으로 표시되어 있다. 흑연을 많이 함유하고 있으면 부드럽고 색이 진하고 점토를 많이 함유하고 있으면 단단하고 색이 엷다. "H"는 "Hard"(단단함), "B"는 "Black"(검은)을 나타낸다. 각각의 농도나 강도에 따라 9H부터 8B까지 있으며 스케치는 4B, 데생은 B~8B, 크로키에는 4B 정도를 사용한다. HB 연필선만 사용하면 선이 딱딱하고 깊이감이 없으며 날카로운 느낌을 준다.

4) 콩테(Crayon Conté)

콩테는 프랑스의 과학자이며 화가인 니콜라 자크 콩테(Nicola-Jacques Conte, 1765~1805)의 창안에 의해 만들어진 소묘용 도구로써 흑색, 백색, 세피아, 적갈색, 네 가지 색이 있다. 천연 백아(白亞), 석고, 활석, 흑연, 목탄, 적갈색의 천연 광석 등의 원료광물을 극미립자로 만들어 미량의 고착 메디움(Medium)을 가해 각봉(角棒)이나 둥근 막대로 눌러서 만드는데 고착성은 좋으나 전혀 납(蠟)성분은 포함하지 않는 것이 특징이다. 경도는 연필에서 목탄 사이까지 수종이 있다.

5) 색연필(Color Pencil)

색연필은 일반적으로 활석, 왁스, 착색 염료 등을 섞어서 만든 것으로, 연필과 달리 다양한 색상을 가진다. 섬세한 그림을 그리기 용이하고 투명, 반투명, 또는 불투명을 표현할 수 있는 장점이 있다. 밑그림 표현에도 사용되며 수성 색연필은 수채화 붓에 물을 묻혀 수채화 기법처럼 표현할 수도 있다. 컬러링을 할 때는 각 부분의 균일한 굵기와 간격을 유지하며 선을 그리거나 가는 선에서 굵은 선까지 간격을 점점 넓히거나 좁혀가며 그리는 방법인 '해칭 기법'과 겹쳐서 선의 망(net)을 만들어 면을 형성하는 방법인 '크로스 해칭 기법'으로 세부묘사나 액센트 부분에 표현한다.

6) 펜(Pen)

일반적인 필기도구인 볼펜 및 잉크를 넣어 쓰는 잉크펜 등 다양한 펜 종류로 재미있는 선들을 그리는 데 유용하다.

7) 수채화 물감(Water Paint)

수채화 물감(Water color)은 물을 섞어서 사용하는 수성물감으로 물을 많이 섞으면 투명한 효과를 낼 수 있고 마르면 유화 효과를 낼 수 있어 표현의 폭이 넓은 것이 장점이다. 수채화 기법은 'Wet in Wet'과 'Wet on Dry'가 있다. 'Wet in Wet'은 먼저 칠한 색이 마르기 전에 다른 색을 칠하여 두 색상 간의 윤곽선을 흐리게 하는 기법이고 'Wet in Dry'는 먼저 칠한 색이 마른 후 다른 색을 칠하여 두 색상 간의 단계적인 변화를 표현하는 기법이다.

8) 아크릴 물감(Acrylic paint)

아크릴 물감(Acrylic painting)은 광택을 가진 유성 물감으로 물을 보조제로 사용하므로 유화 물감에 비해 사용이 간편하고 내구성이 강하며 빨리 말라 여러 번 겹쳐서 그릴 수도 있다. 수채화 물감보다도 빨리 마르므로 단기간에 제작할 수 있지만 일단 마르면 완전 고착되므로 수정하기가 어려워 숙련된 솜씨가 요구된다. 이러한 어려움을 해결하기 위하여 건조 완화제인 리타더(retarder)를 사용하여 물감의 건조 속도를 느리게 하기도 한다. 접착성이 강하여 캔버스·종이·천·나무판·가죽·아스테이트지·필름·석고·벽면 등 약간의 흡수성만 있는 곳이면 어디든지 사용할 수 있다. 때로는 톱밥을 섞어 질감의 변화를 주기도 한다. 아크릴 물감의 붓은 탄력과 내구성이 강한 나일론 붓을 주로 쓰는데 뜨거운 물로 씻으면 붓이 휠 염려가 있다. 또 물감이 한번 마르면 물로 씻어지지 않으므로 계속 물에 담가 두고 써야 하며 만약 굳어지면 리무버(remover)로 녹여야 한다. 투명성도 높아 얇게 칠하면 수채화 물감의 효과도 낼 수 있으며 15가지 정도의 기본색만 있어도 다양한 색과 톤으로 혼색할 수 있다. 그림을 그리다가 잠시 쉴 때도 팔레트에 물을 뿌리고 셀로판이나 폴리에틸렌 천을 잘 씌워 건조되는 것을 막아야 한다.

9) 파스텔(Pastel)

파스텔은 색이 있는 가루 원료, 점착제, 고무 용액을 원료로 한 것으로 입자가 곱고 불투명한 것이 특징이다. 전체적으로 부드럽고 따뜻한 이미지를 연출하는 데 효과적이나, 선을 이용하여 거칠게 표현할 수도 있다. 세밀한 묘사나 액센트를 표현하기에는 부족하여 다른 재료를 같이 사용하면 효과적이다. 접착력이 약하므로 작업을 마무리한 후 스프레이 형태의 픽사티브(Fixative)를 사용하여 가루 날림을 방지하고 작품을 고정시키는 것이 중요하다.

10) 마카(Marker)

펠트(Felt) 천을 사용한 펜의 일종으로, 디자인 작업에 널리 이용되고 있는 용구이다. 크기나 색의 종류가 다양하게 개발되어 있기 때문에, 러프 스케치는 물론 완성도에 이르기까지 디자인 전 단계에 활용된다. 유성 마카는 거의 영구적이나 착색되기 전 혼색도 가능하며 번지는 효과를 활용하여 독특한 효과를 낼 수 있다.

11) 목탄(Charcoal, Fusain)

회화 재료로 버드나무, 회양목, 너도밤나무 등을 구워서 만든 가늘고 부드러운 소묘 재료이다. 가볍고 편리하며 용이하게 지울 수도 있어서 특히 구도의 밑그림이나 습작 및 스케치에 매우 적합하다. 목탄 소묘에 있어서 그러데이션을 할 경우에는 일반적으로 종이 등을 원추형으로 감은 찰필(擦筆, stump, 압지(押紙)나 엷은 가죽으로 말아서 붓과 같이 만든 물건을 사용한다.

12) 찰필(Paper stump)

종이를 돌돌 말아서 만든 재료로 끝을 연필처럼 갈아서 사용하는데, 오일 파스텔, 목탄, 콩테, 연필, 소프트 파스텔 등 건식 재료를 문질러 좀 더 부드러운 표현이 되게하거나 끊어진 선 부분을 자연스럽게 이어주기 위한 문지른 효과를 주기 위해 사용된다. 거친 질감을 부드럽게 만드는 데 주로 사용하며 다양한 두께의 제품으로 생산되어 좁은 면에서 넓은 면에 이르기까지 다양하게 활용된다.

13) 에어브러시(Air Brush)

압축 공기를 이용하여 도료(塗料)나 그림물감을 안개 상태로 내뿜어서 칠하는 기구 또는 방법을 말한다. 도자기나 포스터의 그림, 장난감의 착색, 도료의 분사작업시 사용하는 도구로써 메이크업 및 바디페인팅의 도구로도 유용하게 쓰인다. 에어브러시 전용물감을 사용하여 착색하며 섬세한 그러데이션이 용이하다. 다양한 문양의 스텐실(stencil)을 사용할 때 분사하면 쉽고 편하게 문양 및 도안을 완성할 수 있다.

Beauty Illustration Workbook

Part3 얼굴 그리기 기초 드로잉

1. 선

2. 명암과 양감

3. 이목구비 그리기

4. 머리카락 그리기

1 선

1) 직선

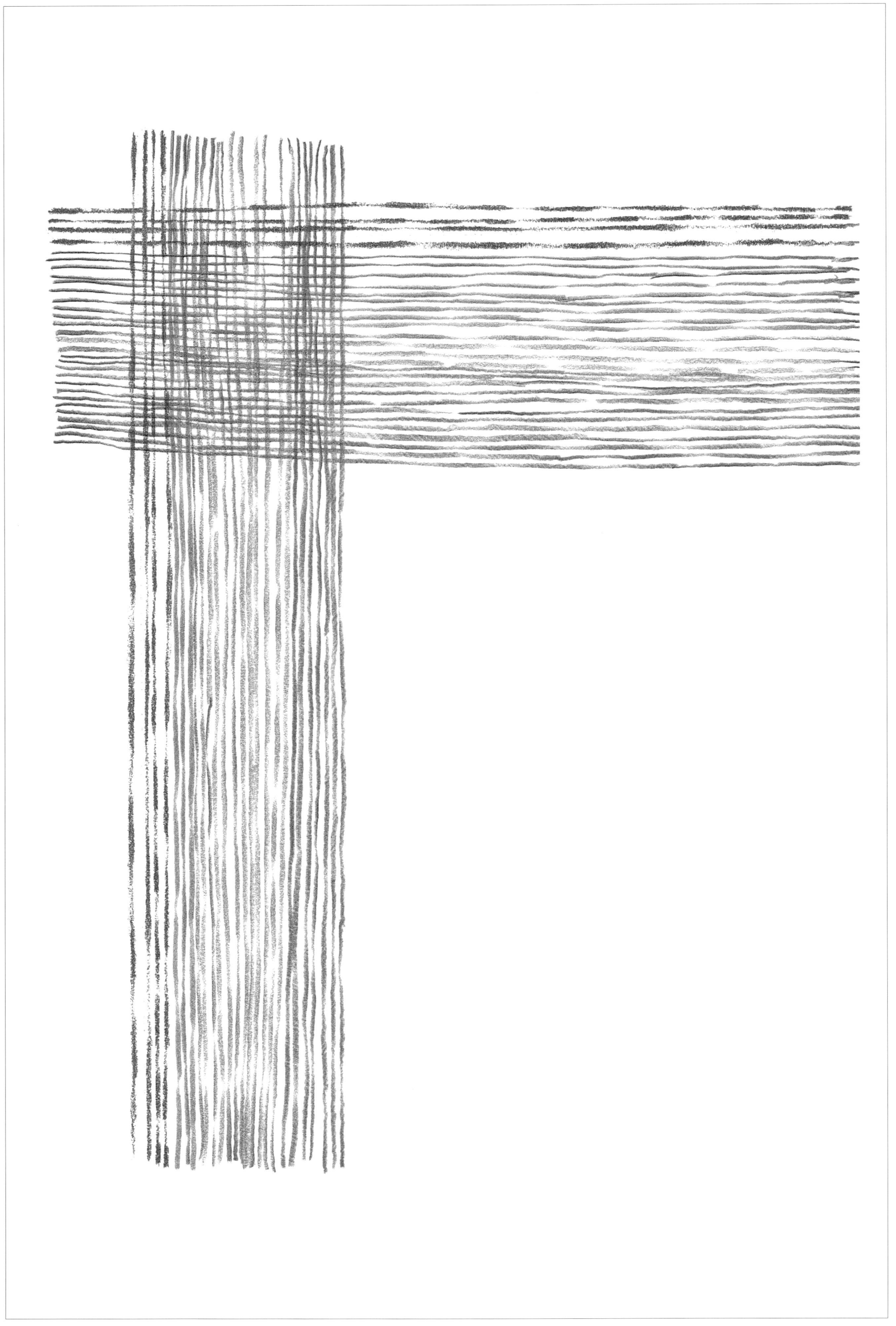

2) 곡선

2 명암과 양감

우리가 어떤 대상물을 눈으로 본다는 것은 빛이 그 대상물에 반사되어 나온 반사 광선(反射 光線)을 눈으로 느낀다는 것이다. 그림을 그릴 때 무엇보다도 중요한 것은 빛(반사 광선)을 정말로 느끼고, 이해하느냐에 있다. 모든 입체는 빛에 의하여 양감을 드러낸다. 빛을 받는 각 면의 도형은 밝은 톤, 중간 톤, 어두운 톤, 반사광, 그림자 등으로 구별된다. 입체감을 잘 표현하기 위해서 빛에 의한 대상의 명암상태를 파악하여 표현하는 것이 매우 중요하다.

1) 명도

명도는 색의 밝고 어두운 정도를 말하며, 흰색에 가까울수록 명도는 높고 검정색에 가까울수록 명도는 낮다. 무채색을 기준으로 0~10까지 총11단계 이다. 흰색을 10, 검정을 0으로 규정한다.

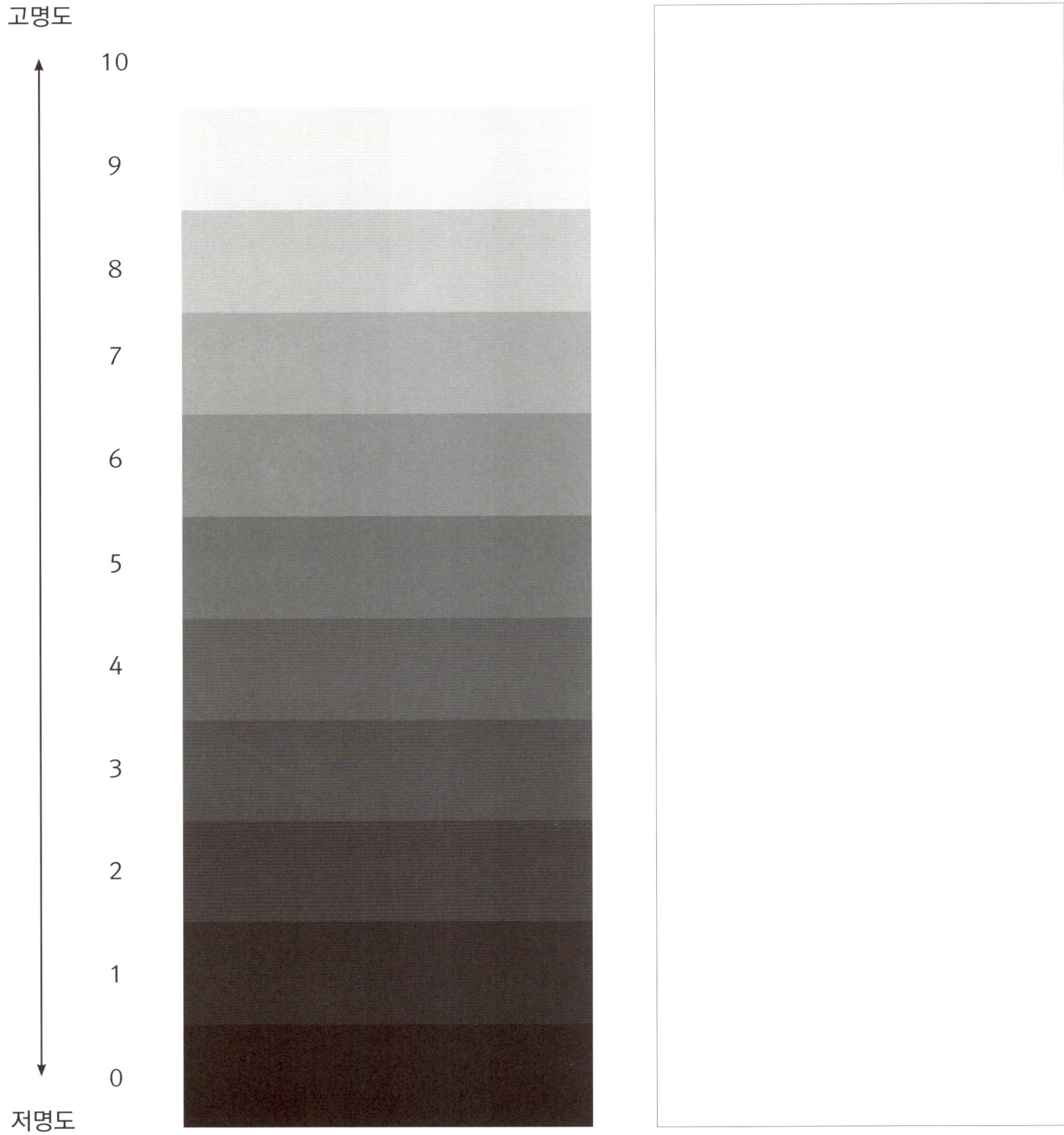

- 4B연필을 사용하여 고명도에서 저명도까지 단계별로 명암을 표현한다.
- 연필 선 사용의 정확성을 키우기 위해서 가능 하면 면과 면이 만나는 부분은 깔끔하게 표현한다.

2) 구 그리기

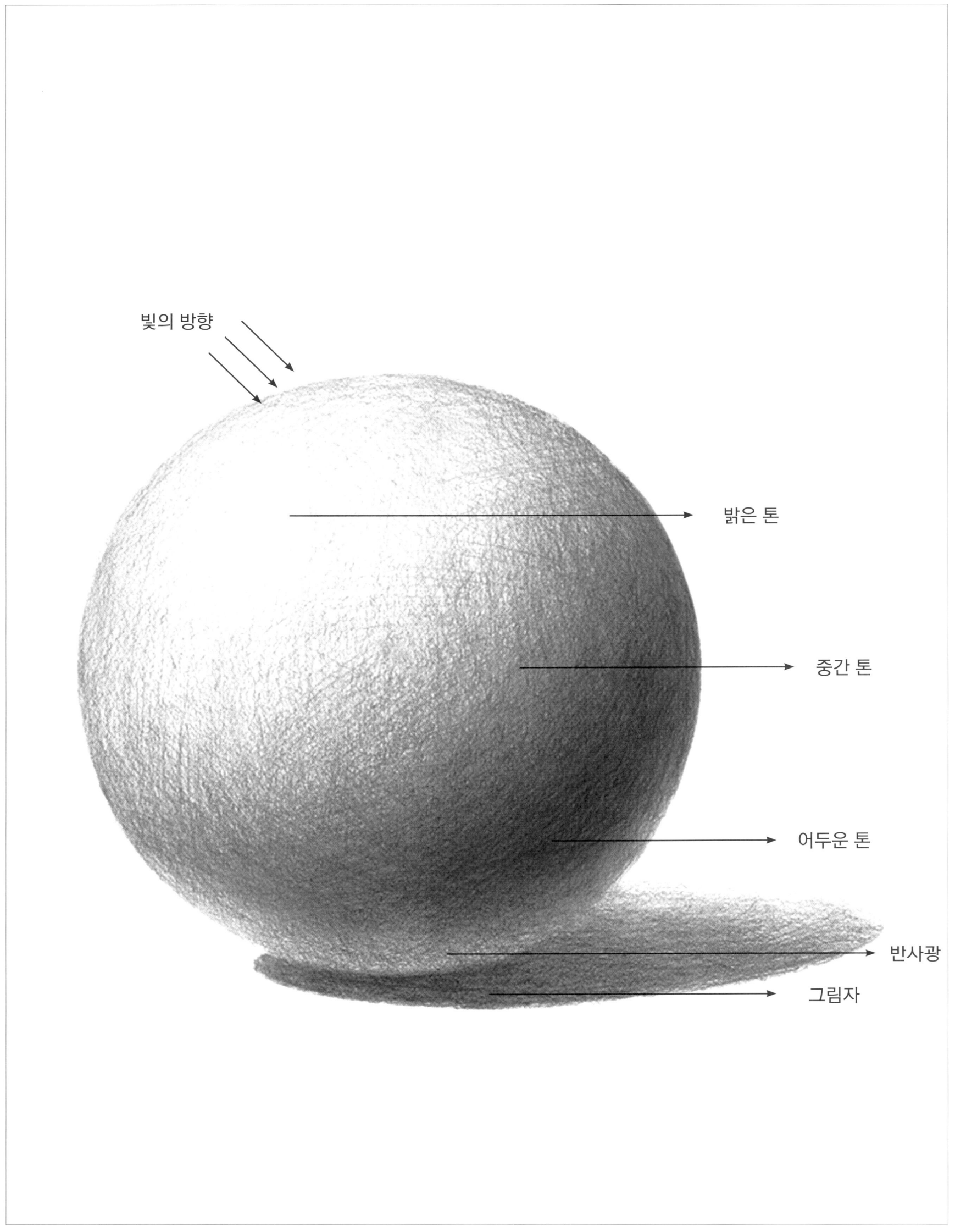

- 구는 어디서 봐도 원으로 보여져야 한다.
- 찌그러진 구를 그리지 않기 위해서 상하, 좌우의 넓이가 일치하도록 한다.
- 완성된 구 그림은 실재감과 양감이 느껴져야 한다.

※ 반사광 : 물체에 반사되는 빛, 바닥에 닿는 빛이 반사되면서 물체에 닿게 되고 그 부분이 밝게 보인다.

PART 3 얼굴 그리기 기초 드로잉

3) 원기둥 그리기

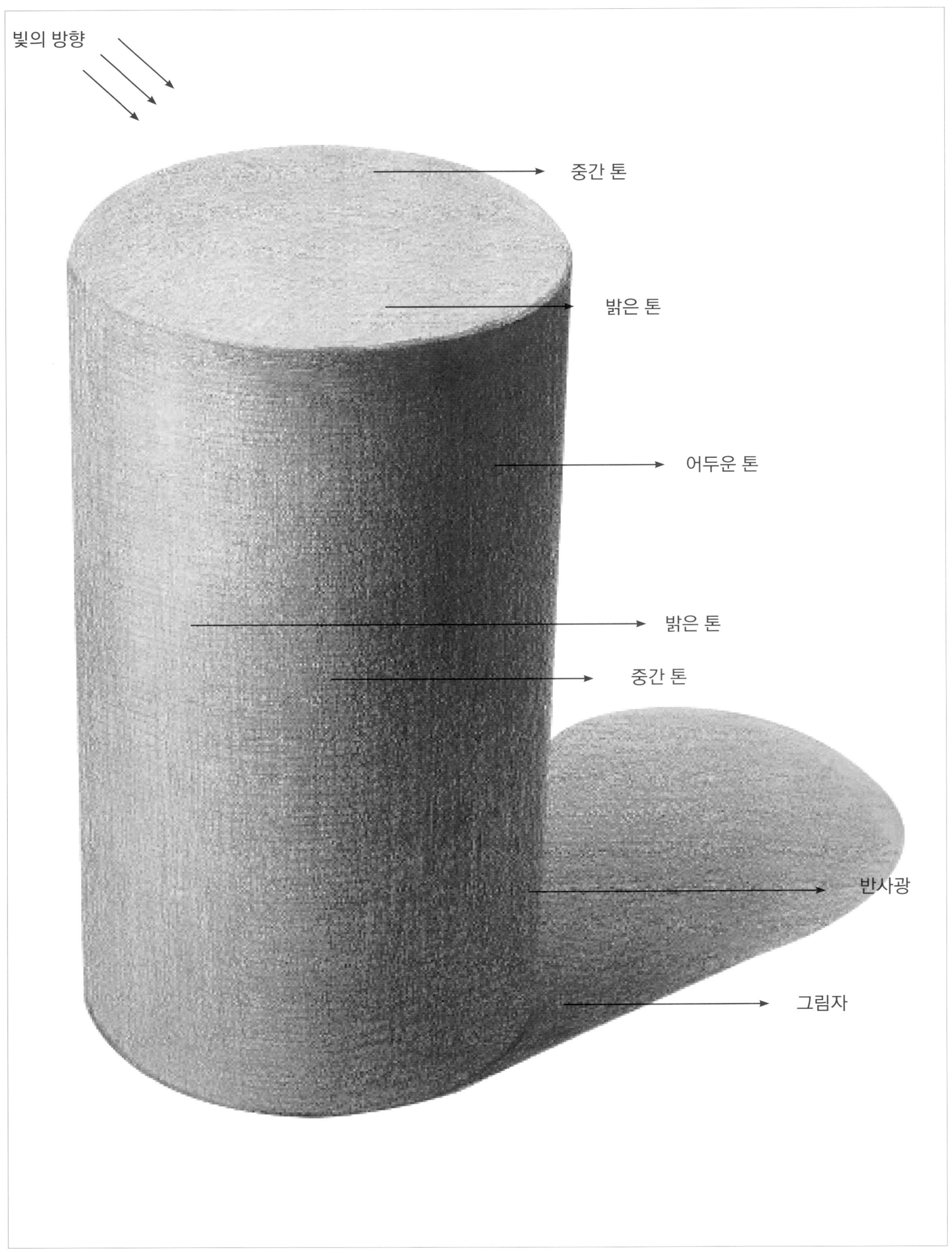

- 가운데 수직선을 중심으로 좌우대칭이 되도록 그린다.
- 상단의 타원과 하단의 타원의 모서리를 각지게 그리지 않는다.
- 원통의 수직면(옆면)은 모두 상단에서 하단으로 갈수록 밝게 표현한다.

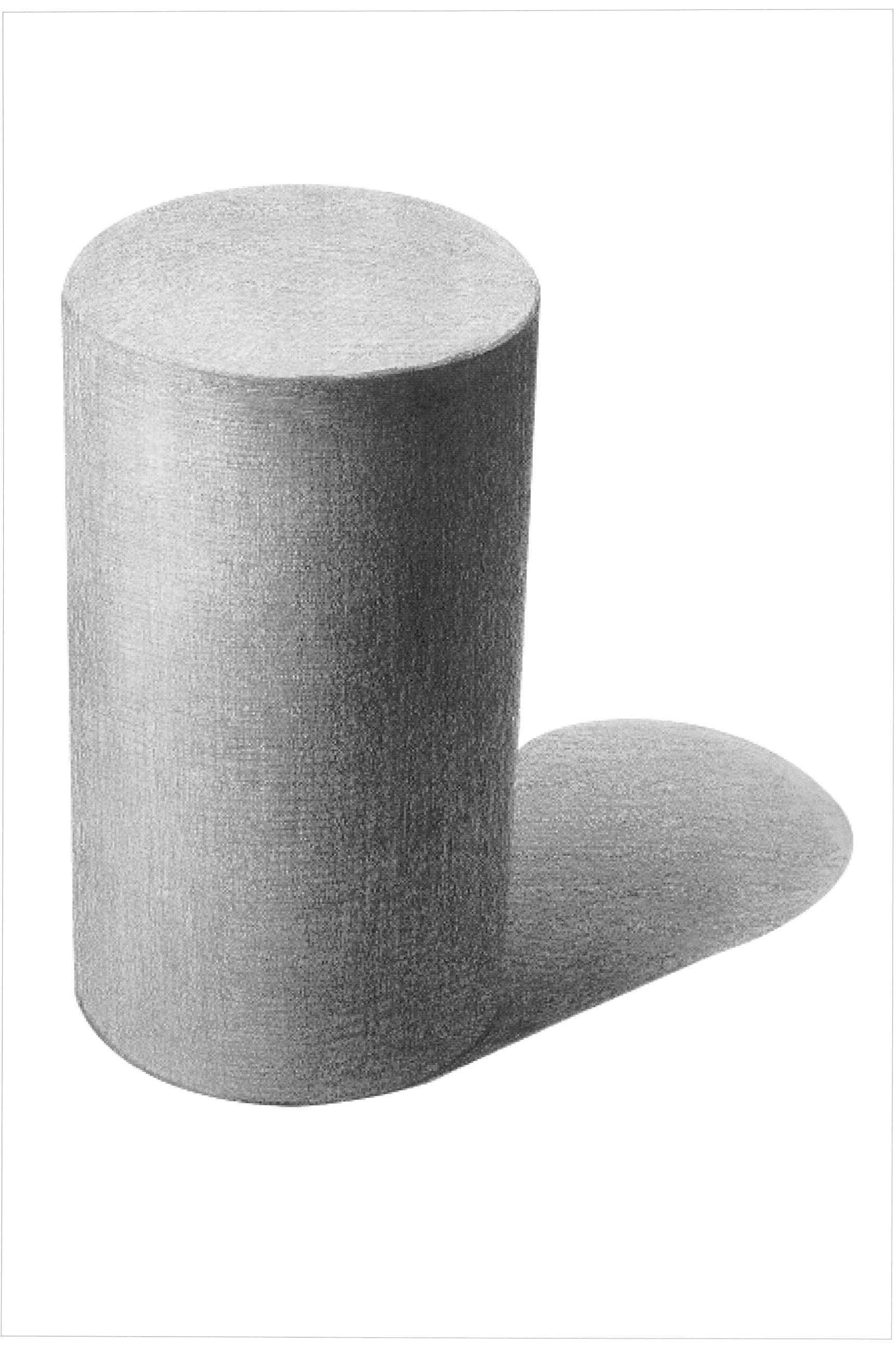

PART 2. 얼굴 그리기 기초 드로잉

4) 정육면체 그리기

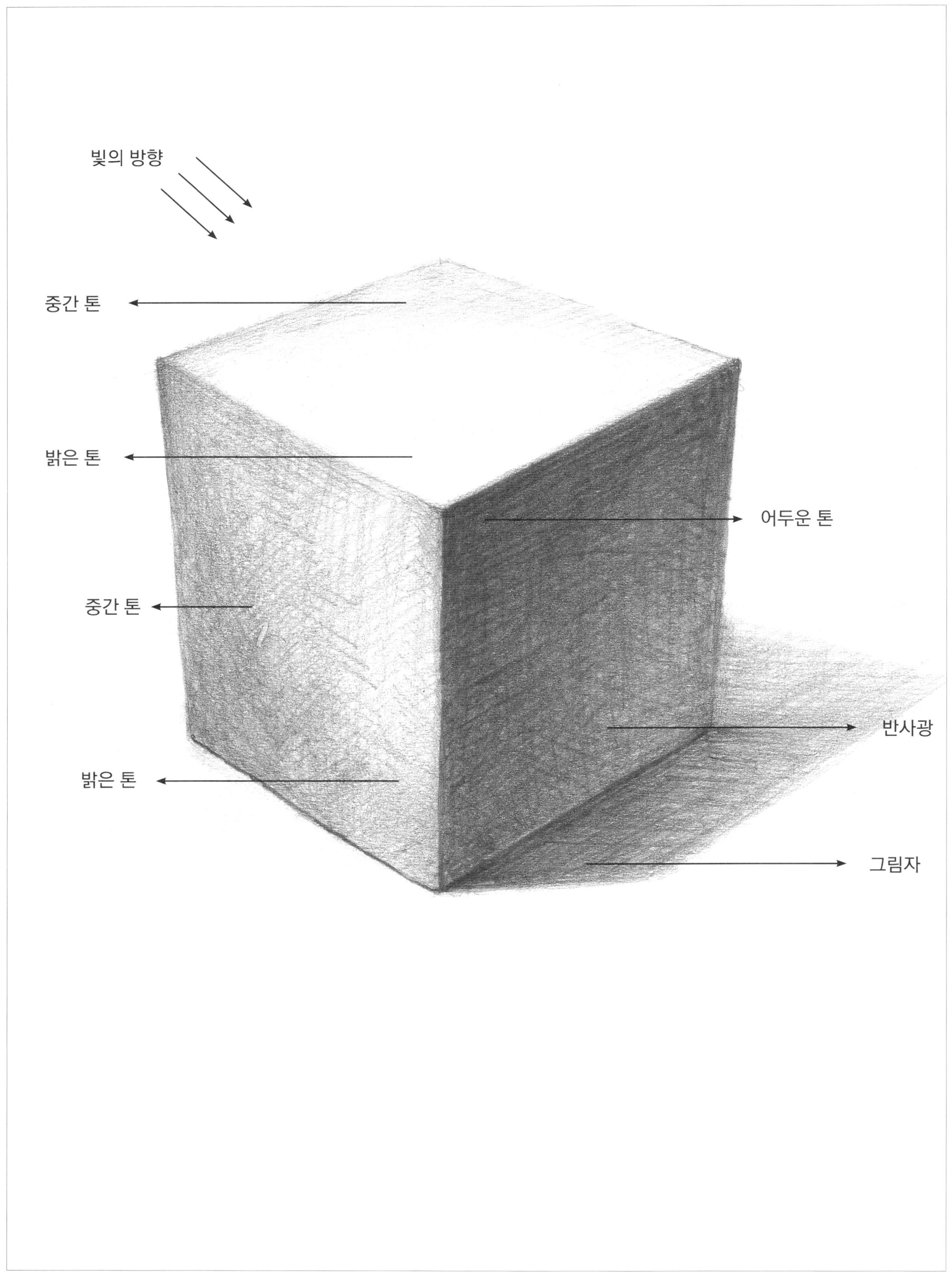

■ 각각의 면 안에서 가장 밝은 곳과 가장 어두운 곳을 정확하게 이해하고 기억해야 한다.
■ 정육면체의 수직면(옆면)은 모두 상단에서 하단으로 갈수록 밝게 표현한다.

얼굴 그리기 기초 드로잉

3 이목구비 그리기

1) 눈 그리기

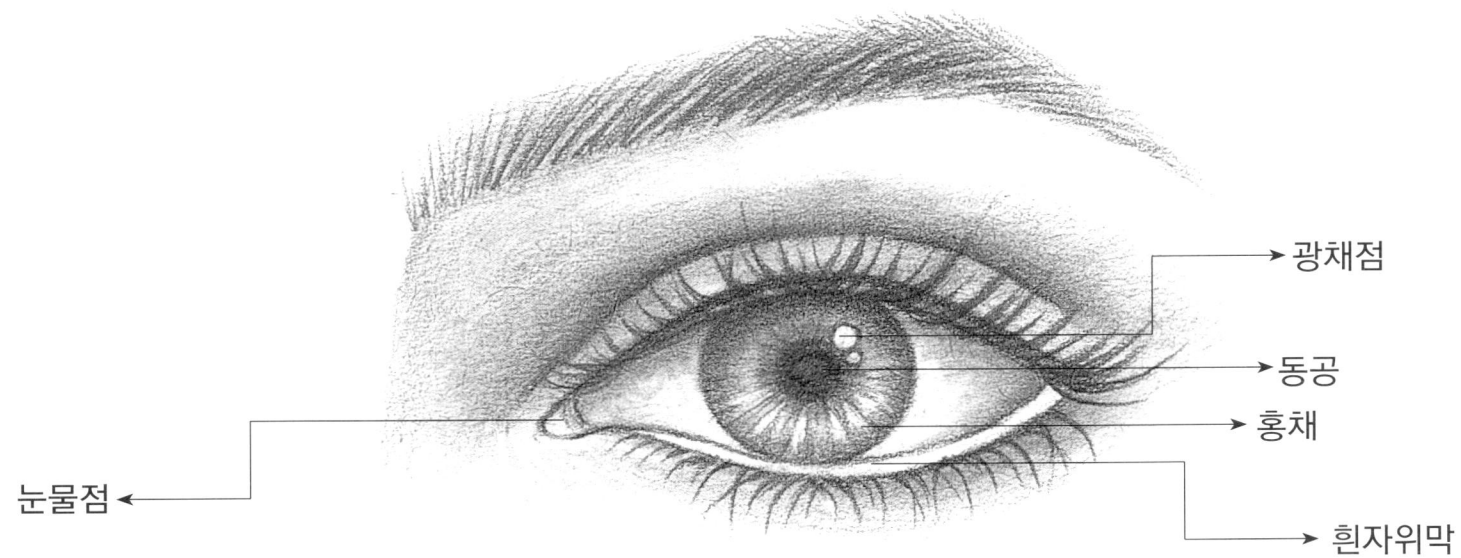

이미지를 표현하는데 있어 눈은 매우 중요한 역할을 한다.
눈의 표현만으로도 인상이 크게 달라질 수 있으므로 많은 연습이 필요하다.
- 눈의 앞꼬리가 뒷꼬리보다 아래에 있어야 한다.
- 동공은 어둡게 표현해야 한다.
- 광채는 조명에 따라 두세개가 나타날 때도 있으며 눈을 맑고 투명하게 보이게 한다.
- 홍채는 눈에서 색상을 결정하는 부분이다.

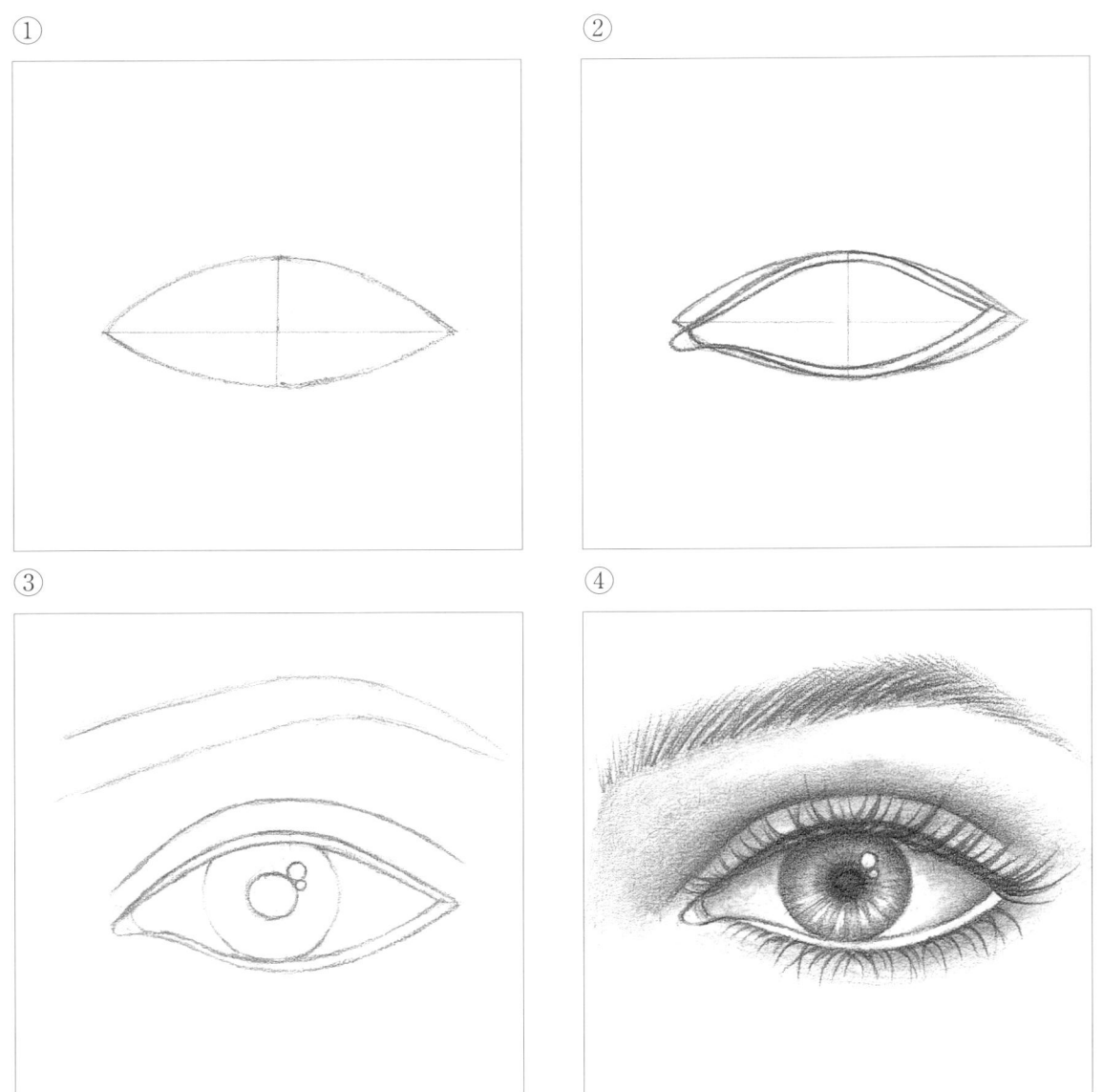

2) 코 그리기

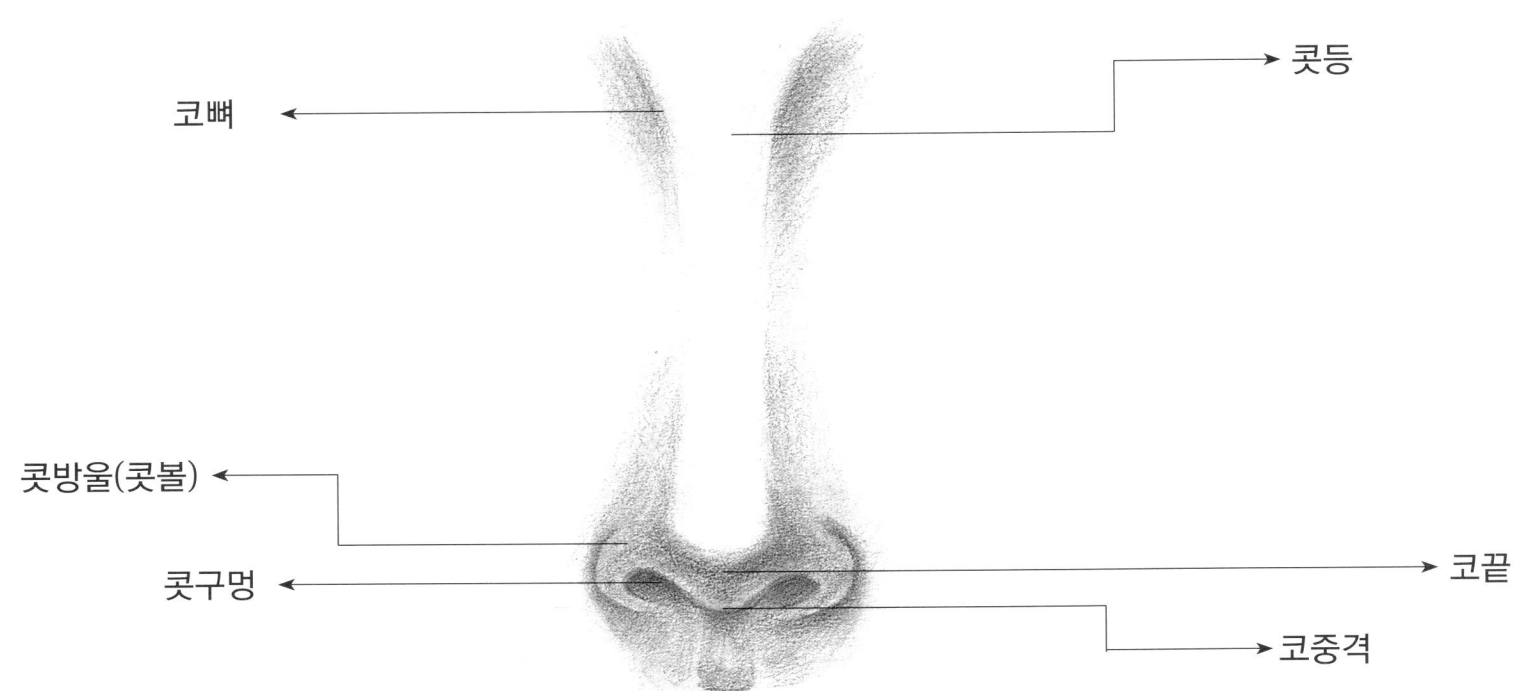

코는 콧등을 중심으로 좌우 대칭이 되도록 그린다.
코를 그릴 때 양쪽에 있는 코뼈의 선을 정확하게 그릴 필요가 없으며 콧구멍은 동그랗게 그리지 않도록 한다.
▣ 콧구멍보다 코중격이 아래에 있어야 한다.
▣ 콧구멍 안쪽은 어둡게 바깥쪽으로 갈수록 밝게 표현한다.
▣ 콧구멍 바로 윗 부분은 밝게 표현한다.

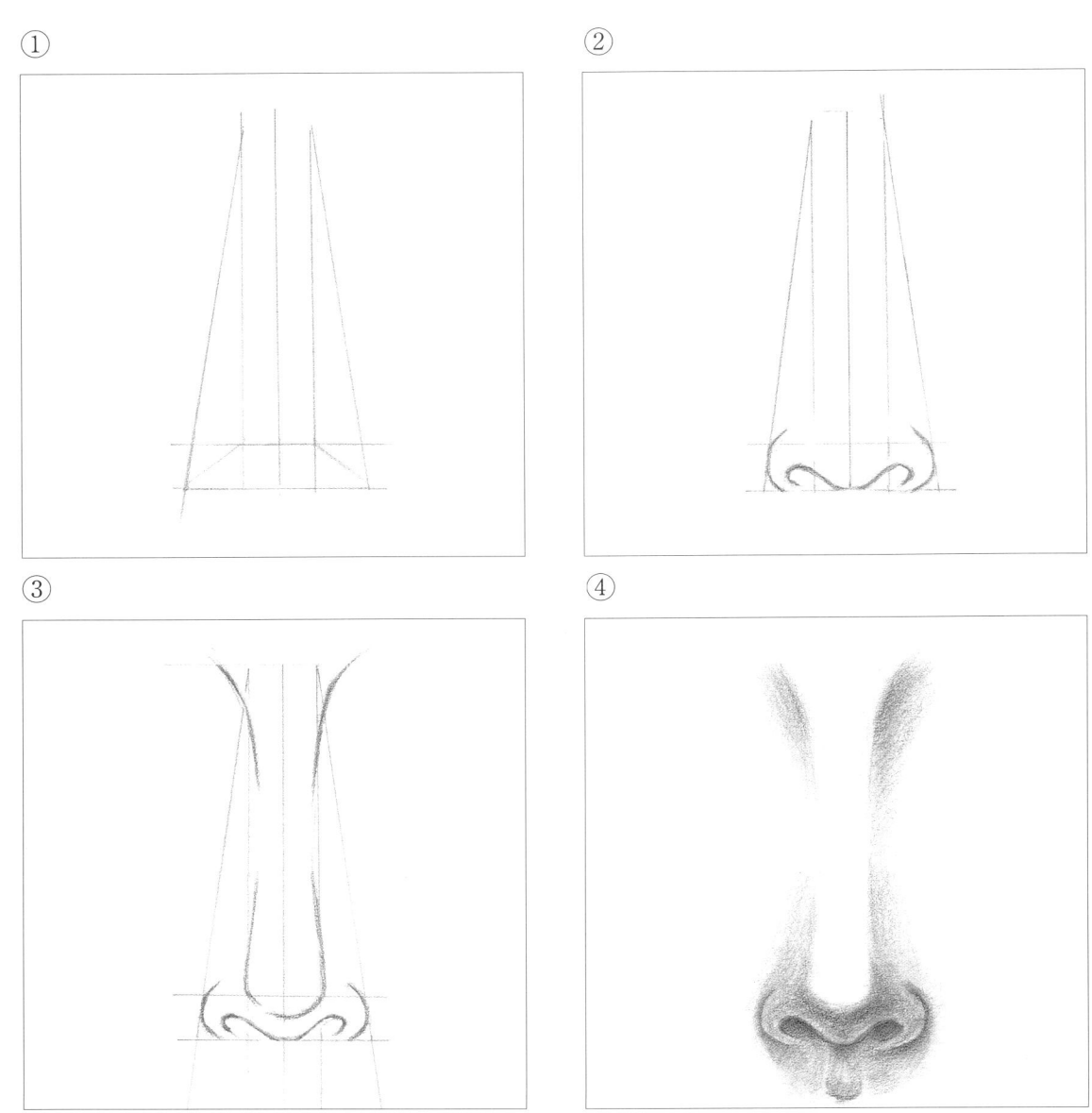

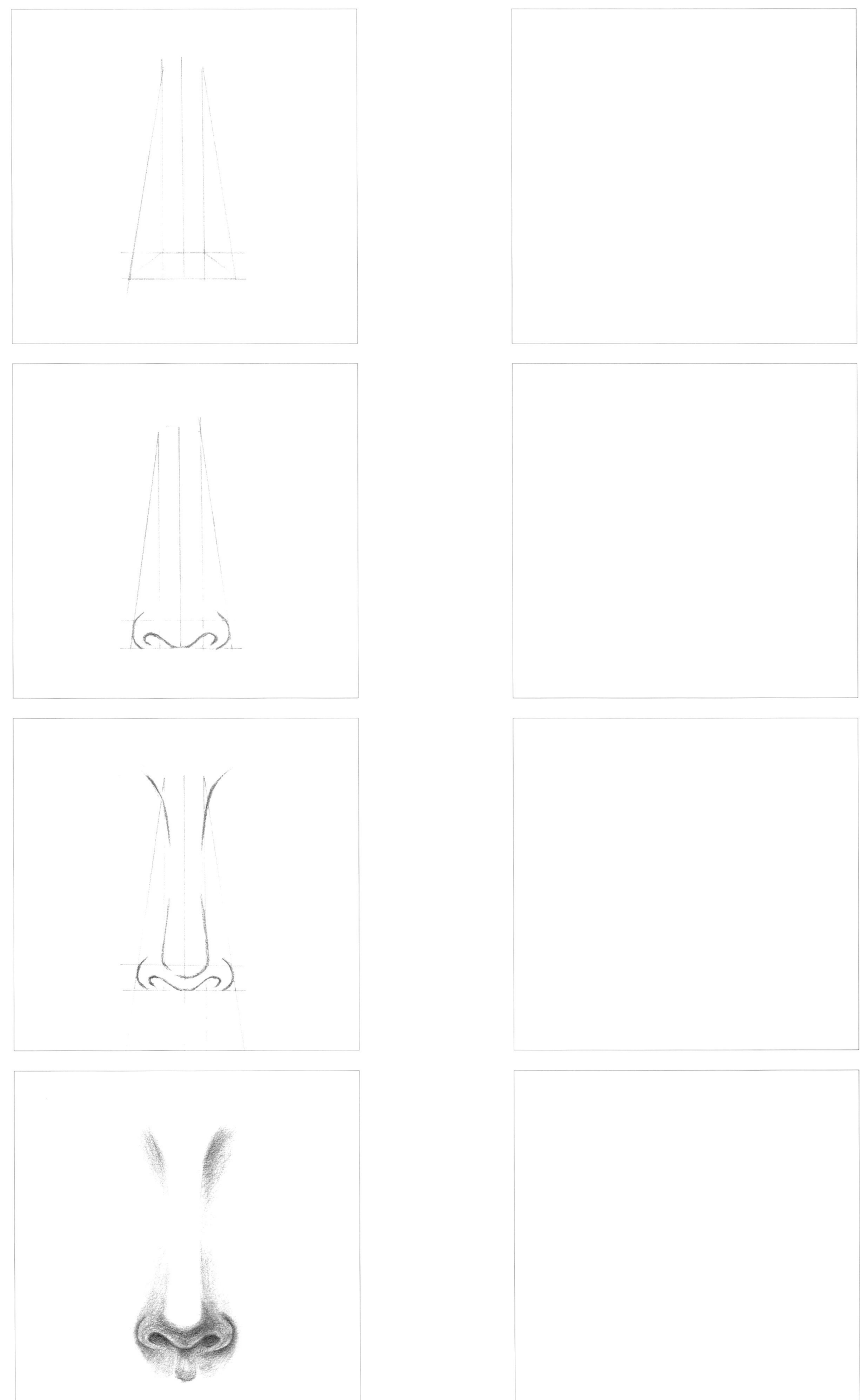

3) 입 그리기

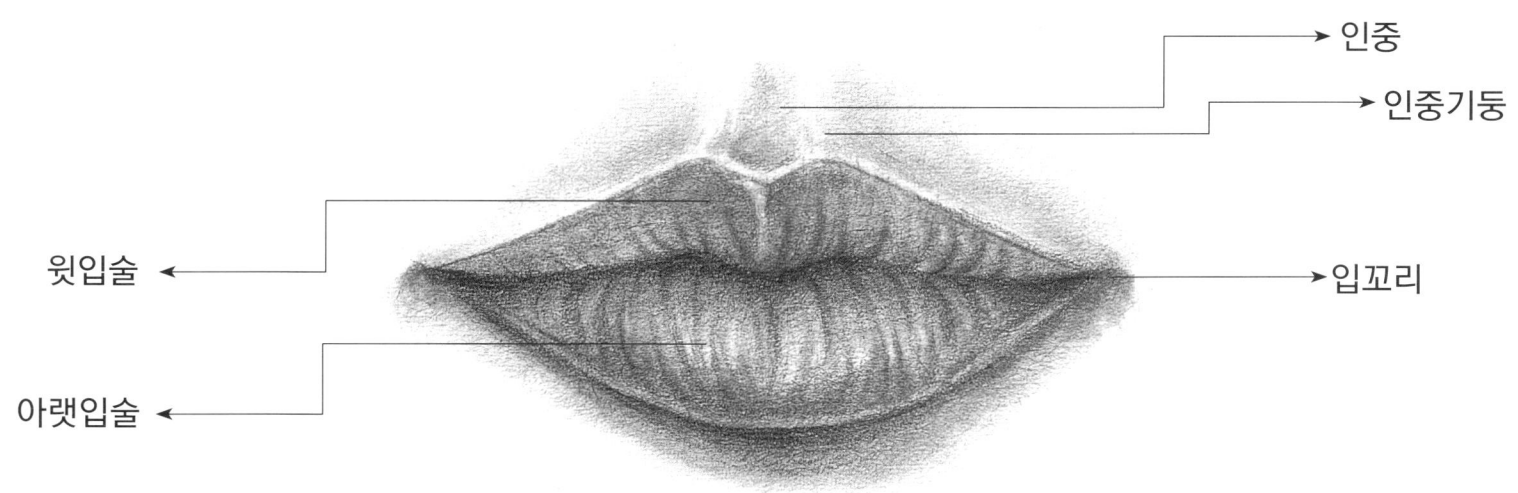

입술에는 움직임을 관장하는 근육들이 발달하여 움직임이 자유로우며 형태의 변화가 크다.
또한 사람의 감정이나 기분을 가장 잘 나타내는 매우 중요한 곳이며 표정을 결정하는 부분이다.
▣ 대체적으로 윗입술의 두께가 아랫입술보다 얇다.
▣ 윗입술과 아랫입술이 만나는 중간지점을 가장 어둡게 표현 한다.
▣ 입가부분은 처지지 않게 그려 준다.
▣ 입술 주름은 직선으로 그리지 않는다.

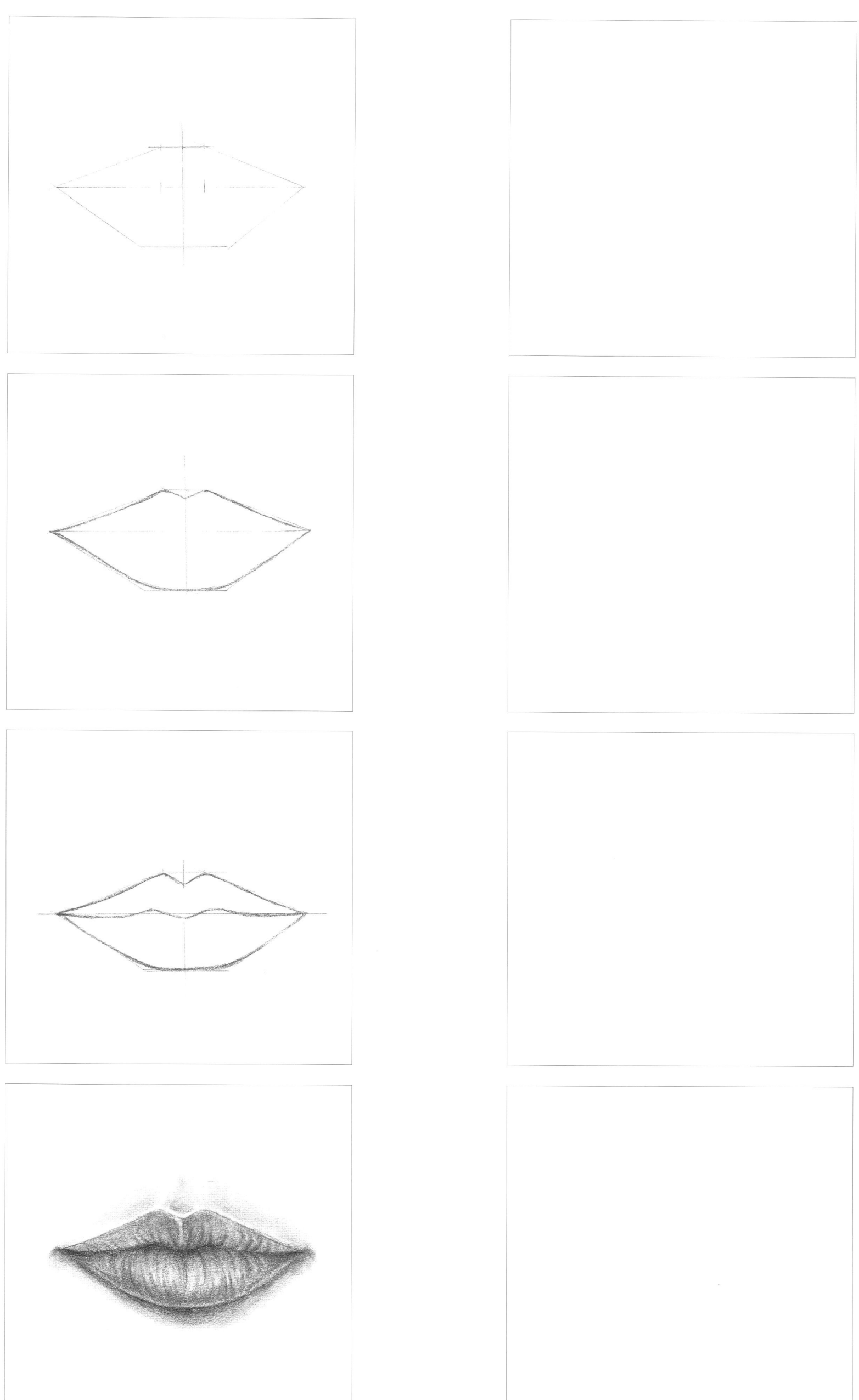

4) 귀 그리기

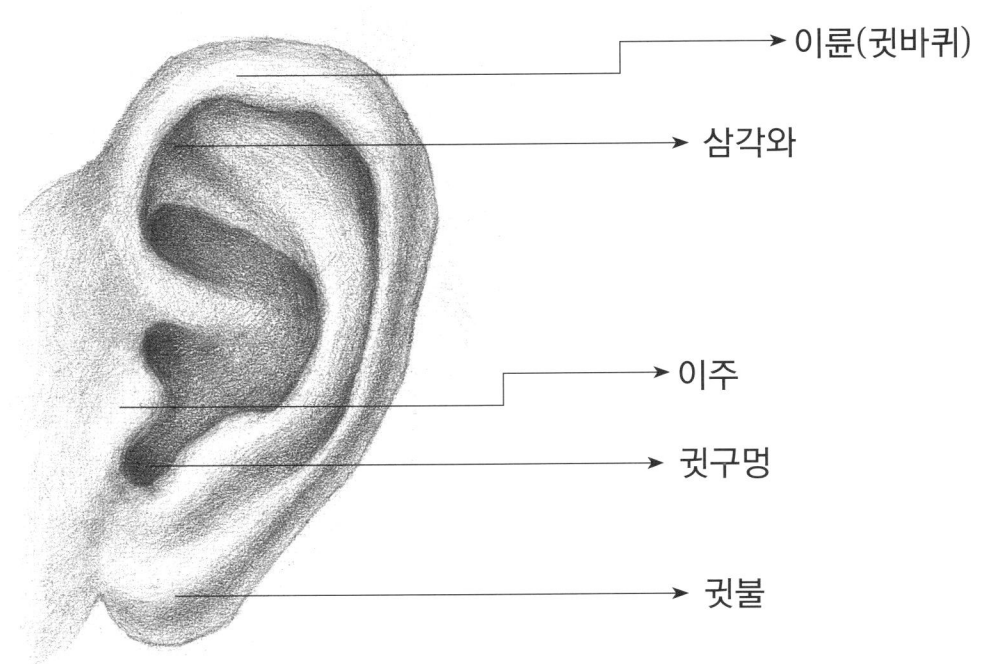

- 이륜(귓바퀴)
- 삼각와
- 이주
- 귓구멍
- 귓불

귀는 안쪽 모양이 복잡해서 그릴 때 어려움을 겪는 부분이다.

귀를 제대로 그리기 위해서는 귀를 이루는 각 부분의 명칭을 먼저 잘 파악한 후에 그림을 그려야 한다.

■ 귀의 형태를 이루는 이륜을 가장 먼저 그려준다.

■ 이륜 안쪽으로 Y자 형태를 그려주고 귓구멍 부분은 가장 어둡게 표현해 준다.

■ 귓불의 입체감을 표현해 준다.

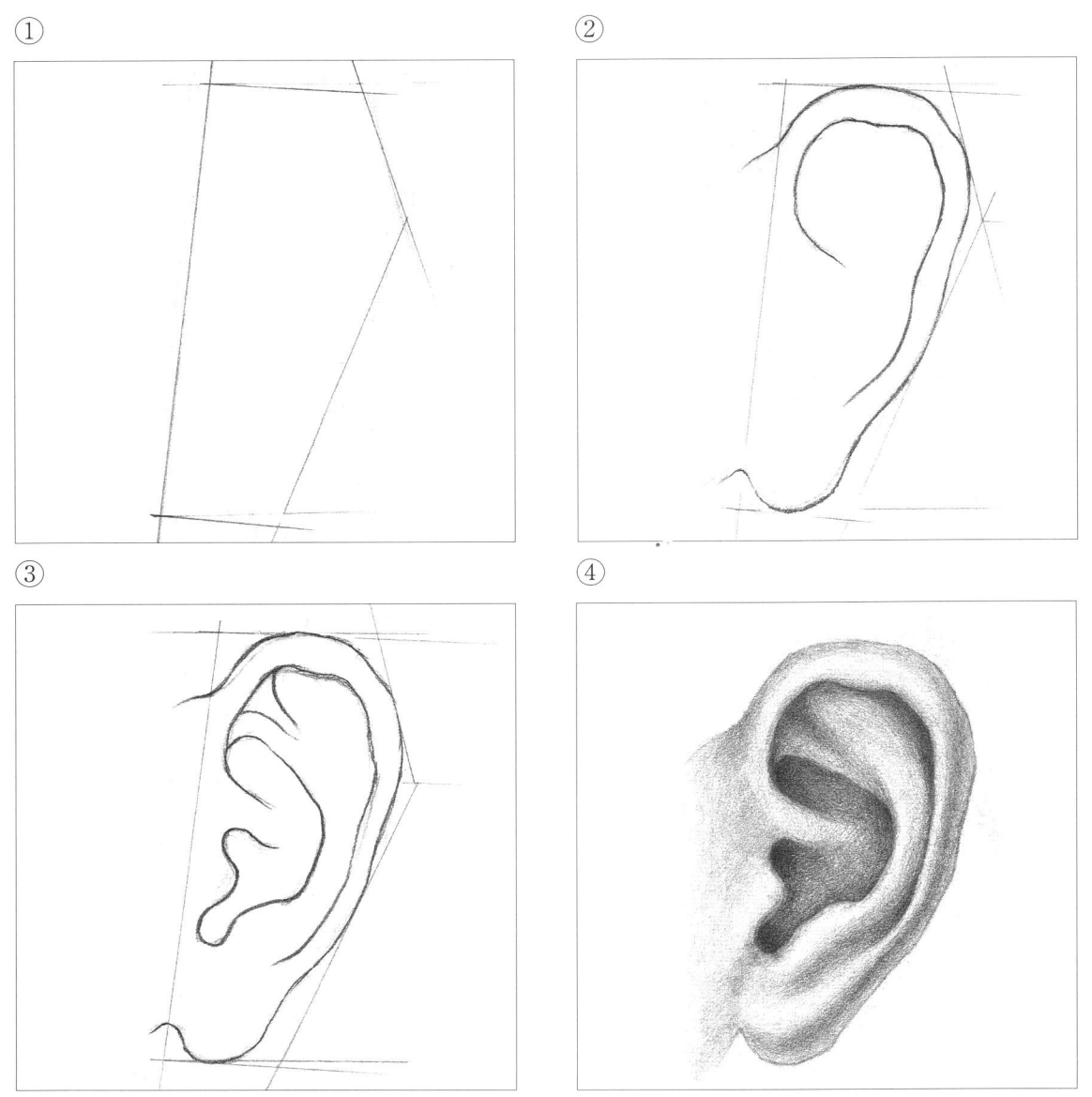

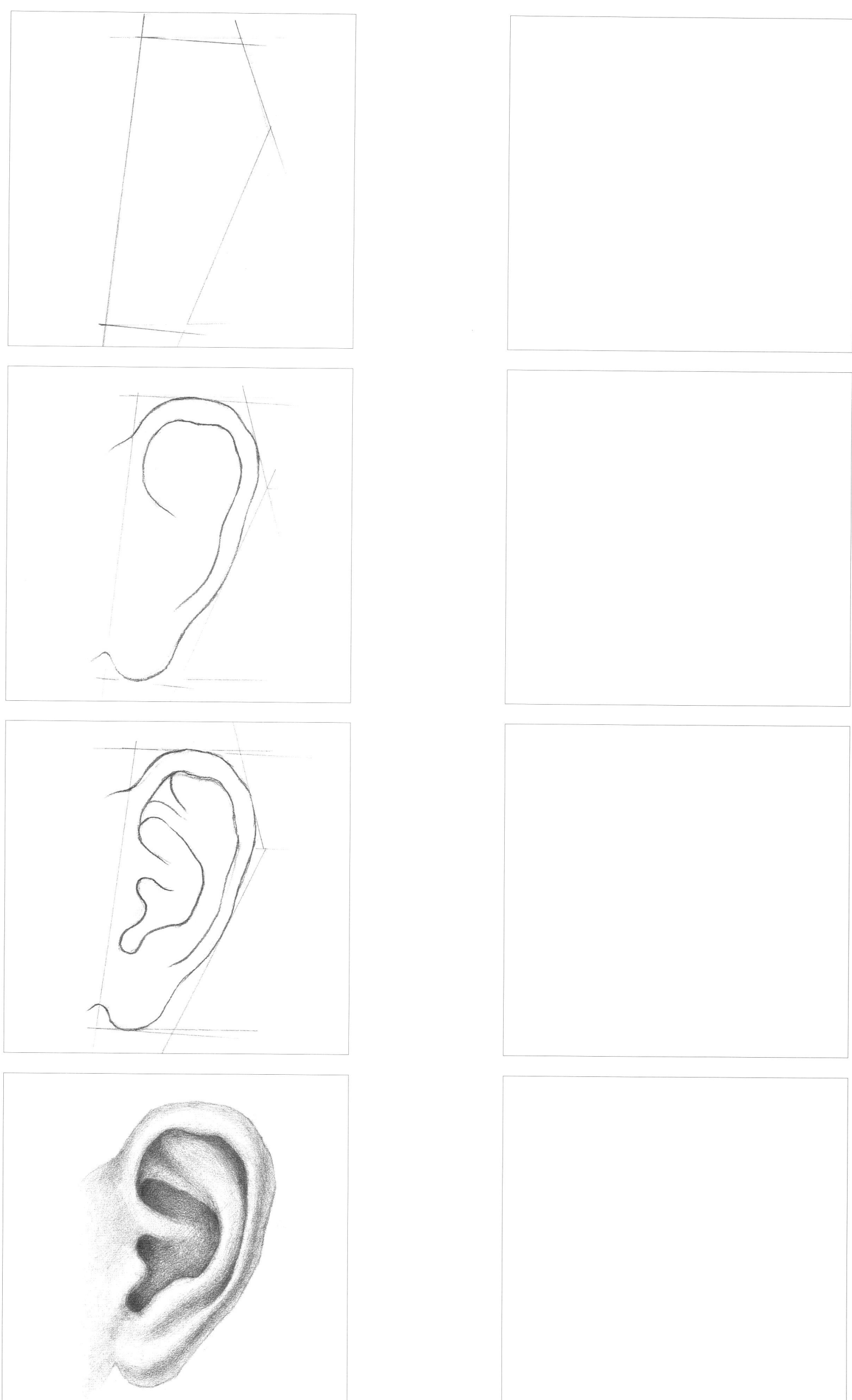

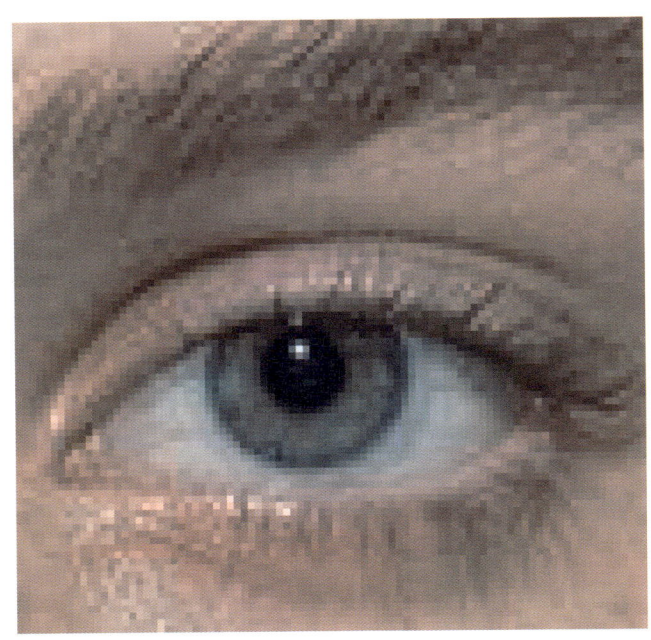

- 눈 앞꼬리와 뒷꼬리를 같은 위치에 놓지 않는다.
- 동공은 어둡게 표현한다.
- 속눈썹의 방향을 잘 살펴본 후 그리며 직모로 그리지 않는다.

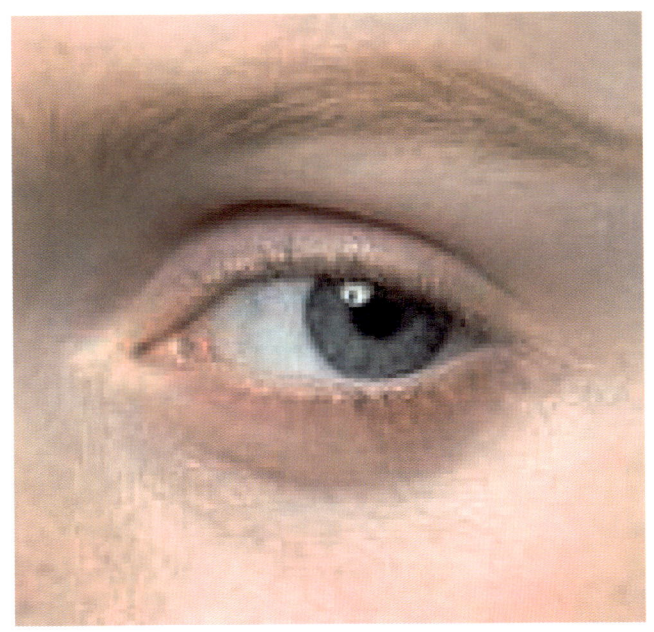

- 눈의 가로 길이와 폭을 결정한 뒤 기울기에 맞춰 형태감을 잡는다.
- 눈동자를 가장 어둡게 표현하고 속눈썹 부분과 맞닿는 안구도 어둡게 표현한다.
- 속눈썹을 일정하지 않게 표현한다.

- 눈동자의 입체감을 표현한다.
- 속눈썹을 뭉치지 않게 표현하며 자연스러운 느낌으로 표현한다.

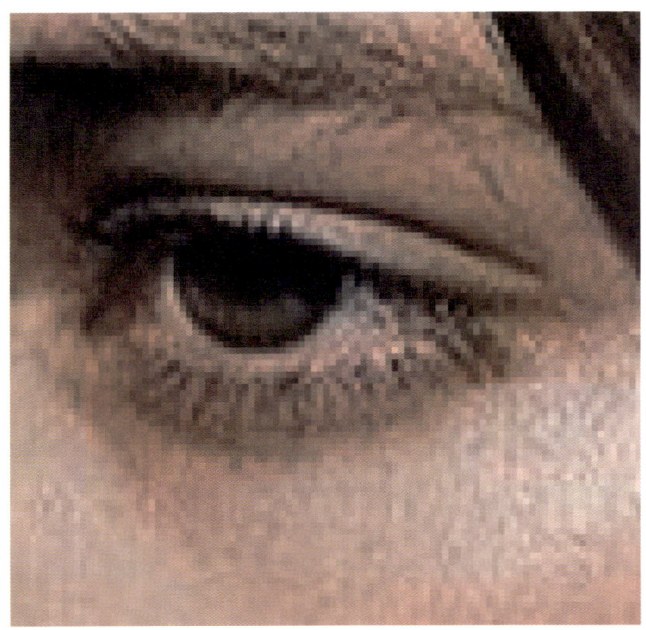

- 사면방향이기 때문에 위 흰자위막이 보이게 표현한다.
- 속눈썹 아래 그늘로 눈동자윗 부분을 어둡게 표현한다.

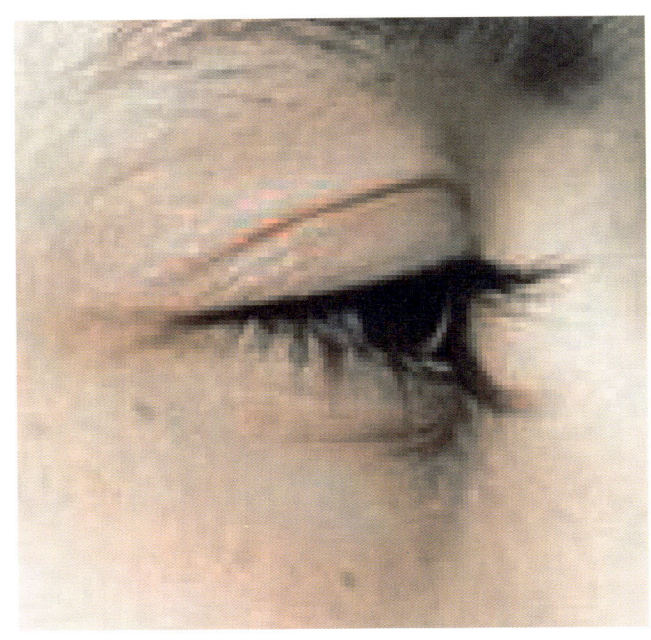

- 측면에서 본 하향 방향눈의 눈동자의 타원형의 동공모양에 주의한다.
- 하향방향의 눈밑의 표현을 섬세하게 한다.
- 속눈썹의 앞쪽은 눈동자 앞에 겹쳐지게 표현한다.

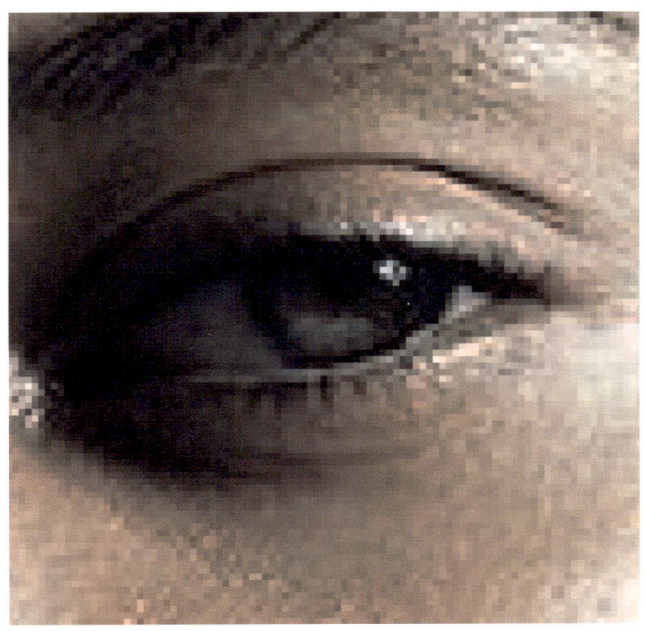

- 아래서 보는 눈의 모양이므로 기울기를 먼저 파악한뒤 형태감을 잡아준다.
- 눈동자의 홍채는 가장 진하게 그러데이션 되도록 표현한다.
- 속눈썹은 불규칙하게 표현한다.

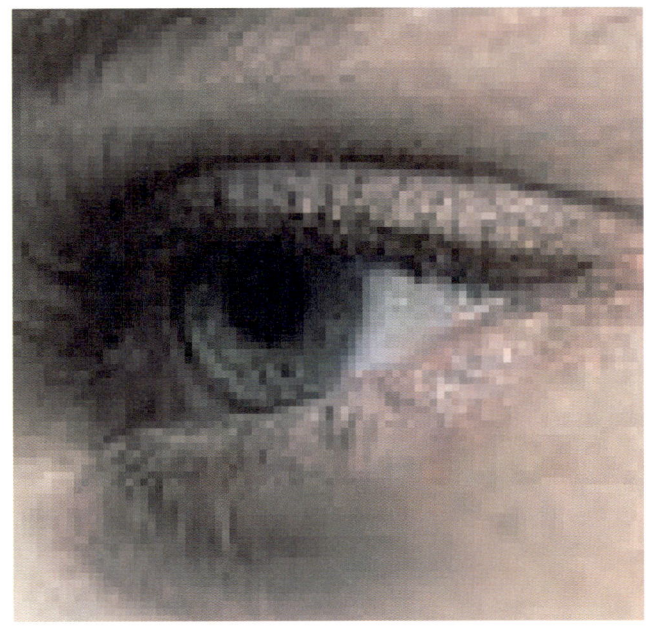

- 왼쪽 사선으로 보는 눈은 눈동자의 처리가 중요하며 하이라이트의 위치를 파악하여 표현한다.
- 눈 앞머리와 꼬리의 각도를 이해하고 표현한다.

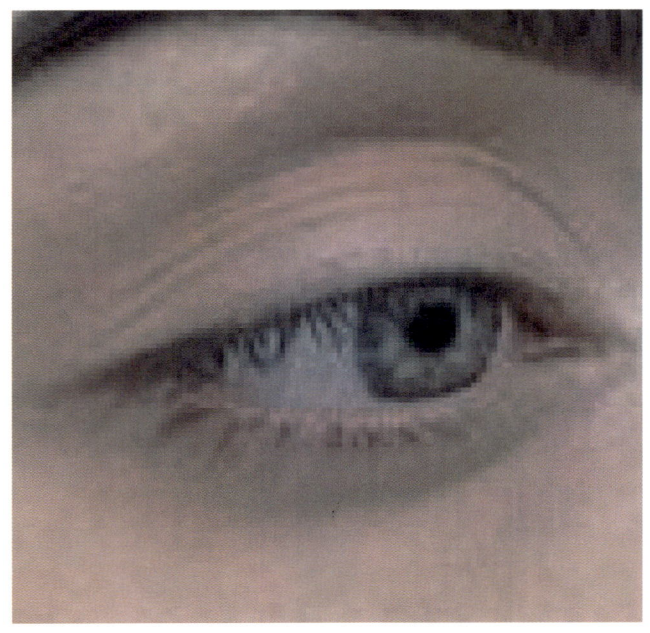

- 오른쪽 사선에서 보는눈은 눈앞쪽 눈물샘이 길게 보이게 섬세하게 표현한다.
- 눈꺼짐 부분의 그러데이션 및 명암표현에 주의한다.

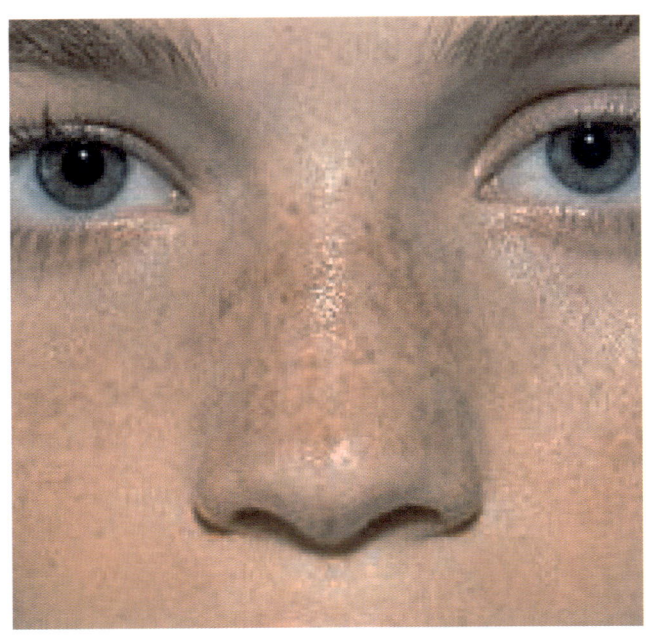

- 코중격이 콧구멍보다 아래에 위치한다.
- 코끝과 콧구멍 사이 부분은 반사광처럼 밝게 표현한다.

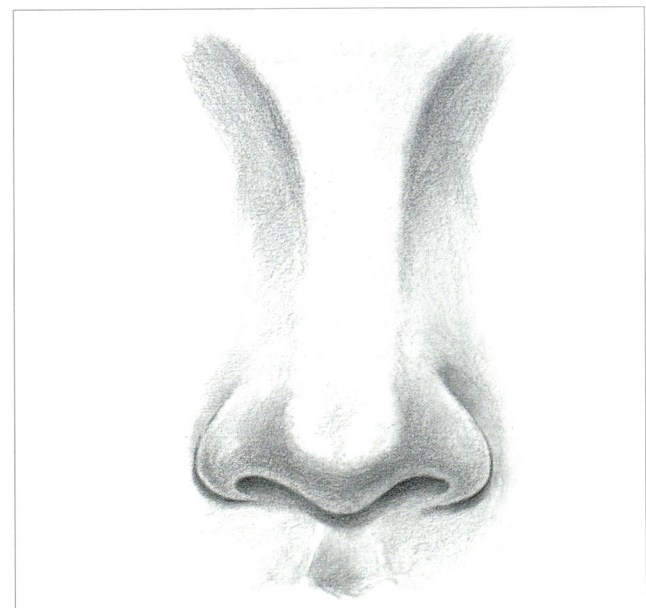

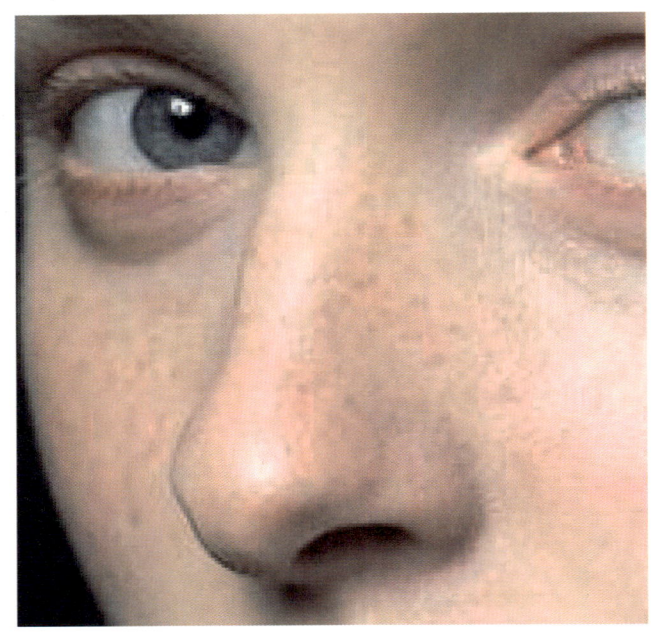

- 코의 기울기를 파악하여 스케치한다.
- 콧망울과 콧구멍의 위치를 표현하여 명암을 표현한다.
- 콧대의 가장 높은 부분은 구의 형태를 생각하며 명암을 넣는다.

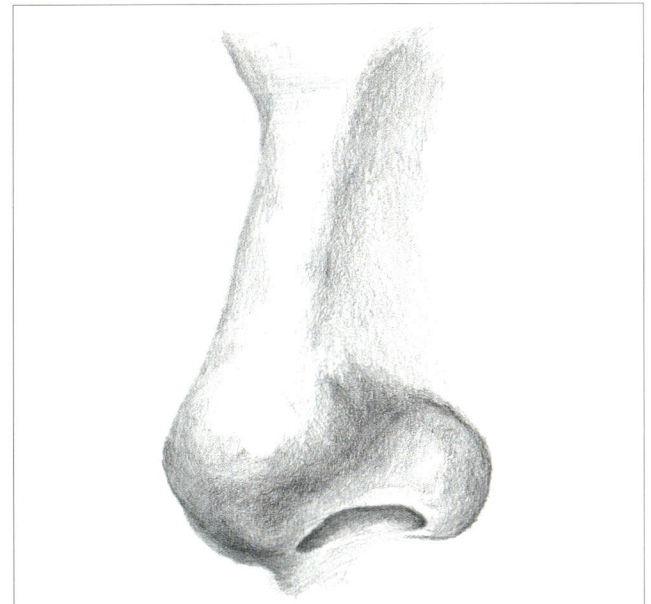

- 45각도의 옆면이며 살짝 한쪽이 올라간 느낌으로 그늘의 위치와 방향을 고려하여 표현한다.

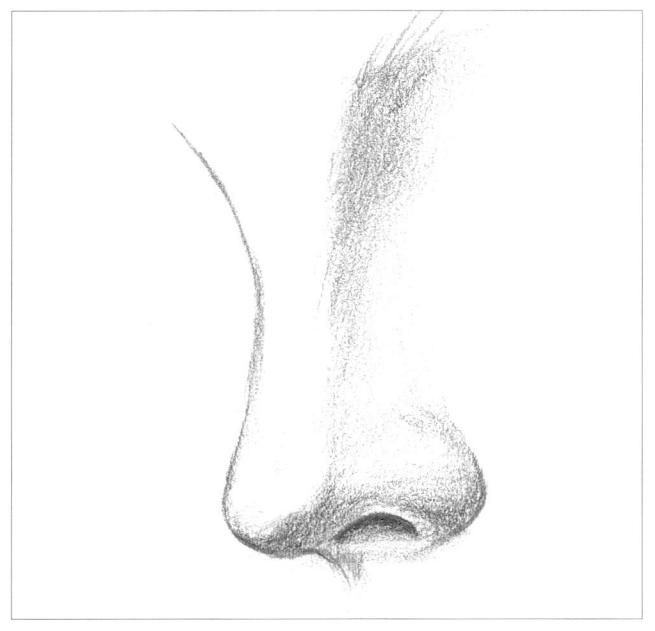

- 왼쪽 콧대 넘어가는 부분은 명암을 약하게 표현한다.
- 사면방향이기 때문에 콧구멍의 위치를 잘 파악한 후 표현한다.

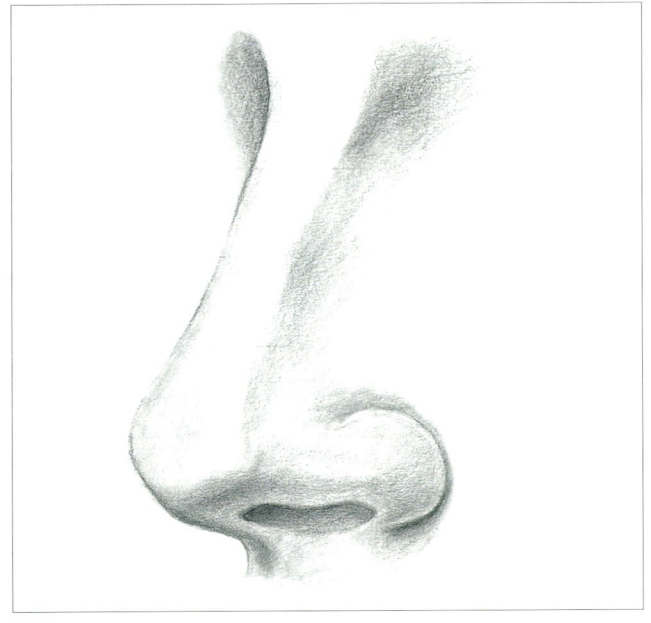

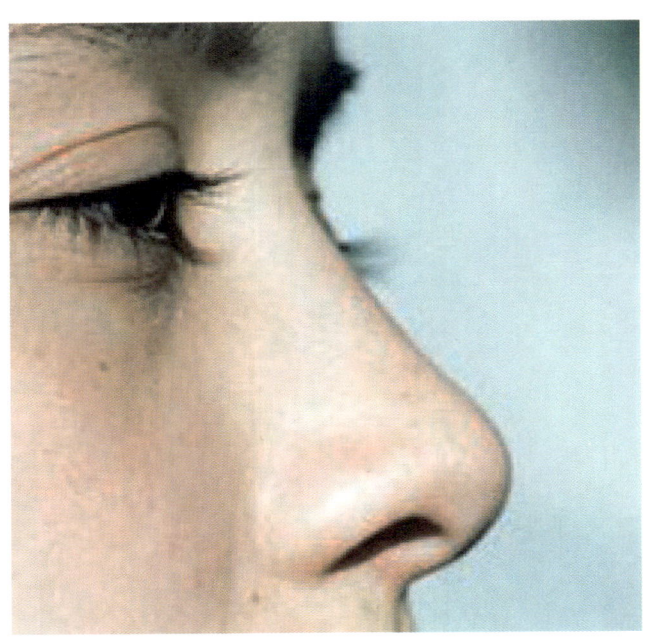

- 콧대의 높이 및 길이와 코끝 넘어가는 부분의 곡선처리에 유의하여 콧대의 모양을 결정한다.
- 측면방향 콧구멍의 위치 및 크기 표현에 유의한다.

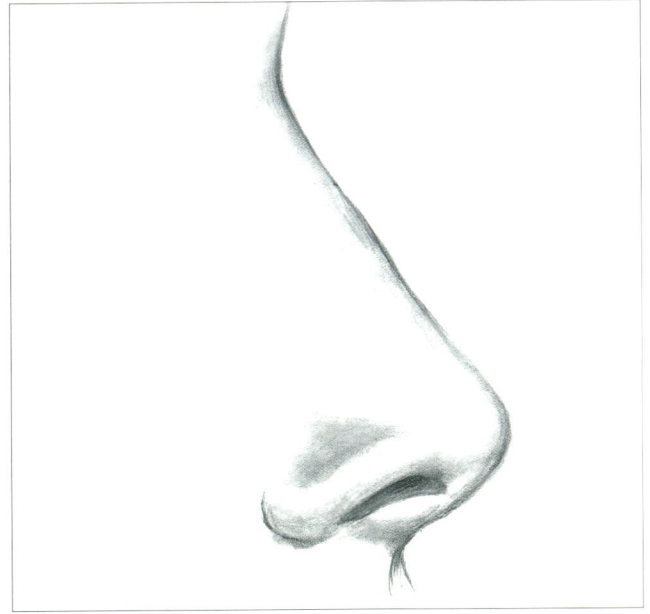

- 콧대와 콧망울의 기울기를 파악한다
- 콧망울과 콧구멍의 위치를 그려준다
- 빛의 방향에 따른 명암을 표현한다.

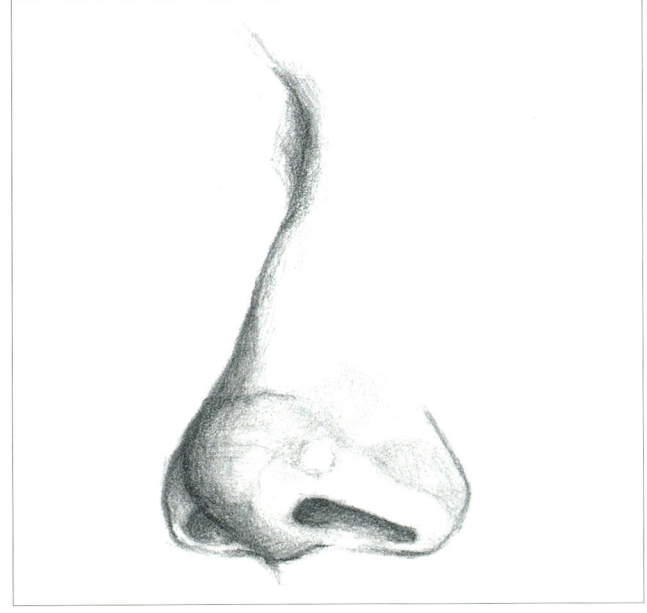

- 측면에 가까운 사면으로 코 끝의 그늘처리에 유의하여 표현한다.

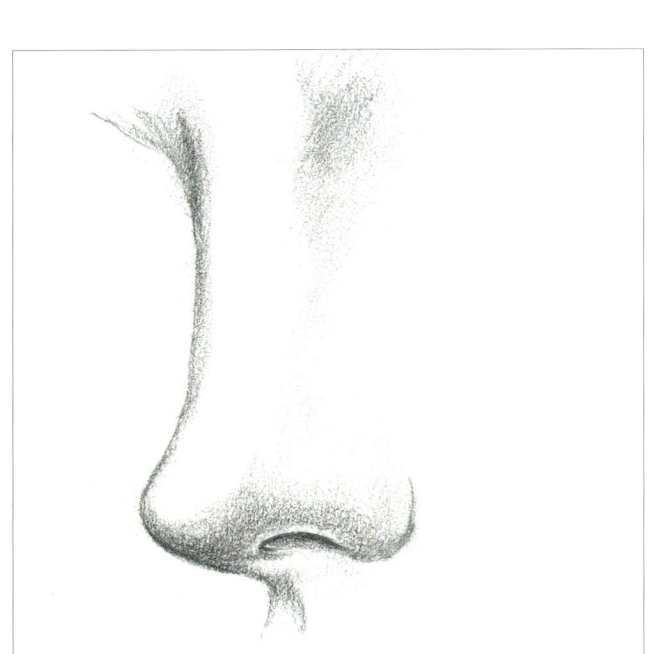

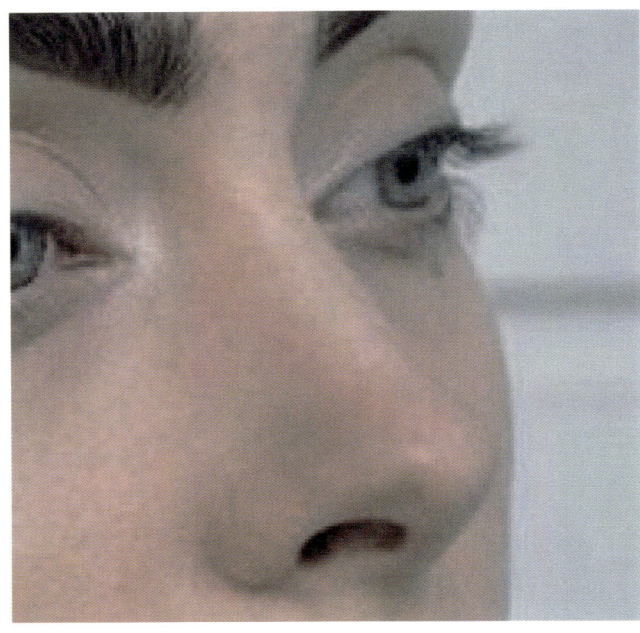

- 왼쪽 콧대 넘어가는 부분은 명암을 약하게 표현해준다.
- 사면방향이기 때문에 콧구멍의 위치를 잘 파악한 후 그려준다.

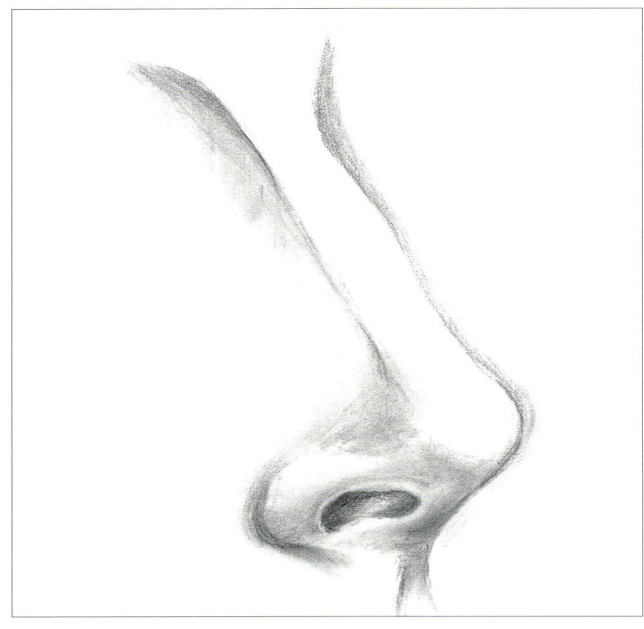

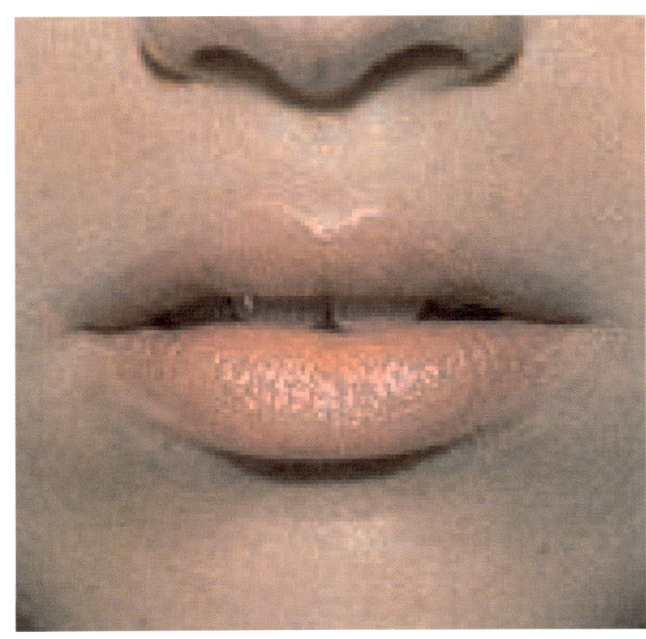

- 윗 입술 가운데 톡 튀어나온 부분을 파악한 후 형태감과 명암 표현한다.
- 입술 주름의 위치를 잘 파악한 후 그에 맞춰 명암 표현한다.

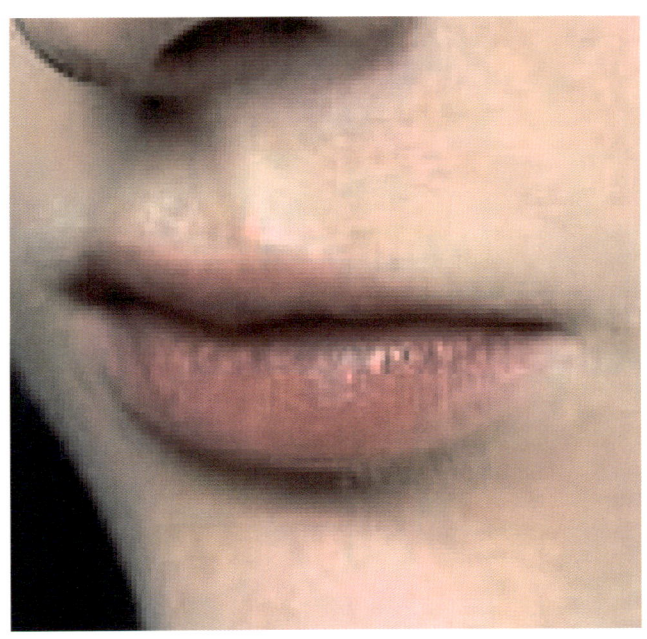

- 입술의 중심 먼저 파악한 뒤 형태감을 잡아준다.
- 윗 입술과 아랫입술의 두께감을 잡아준 뒤 입술의 도톰한 느낌이 나도록 명암을 표현한다.

- 윗입술과 아랫입술의 비율을 고려하여 표현한다.
- 윗입술 밑의 그늘 처리와 치아의 음영처리를 하여준다.

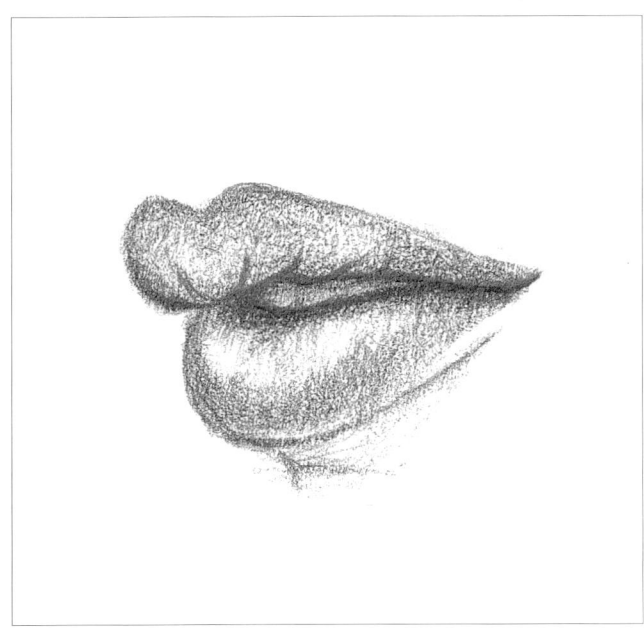

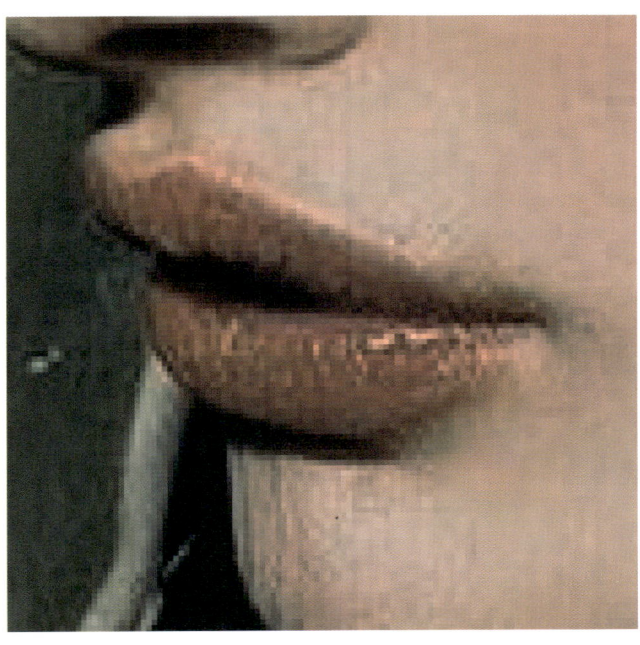

- 사면방향의 입술은 윗 입술이 아랫 입술보다 밖으로 더 나오게 표현한다.

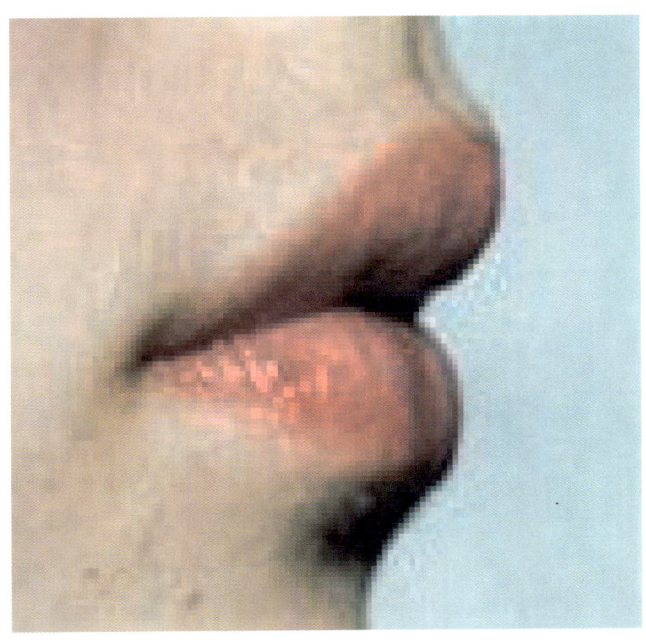

- 측면입술의 크기 및 윗입술과 입꼬리의 사선 각도와 아랫입술의 각도를 확인한다.
- 입술볼륨의 가장높은 부분설정 및 곡선볼륨 표현에 주의한다.

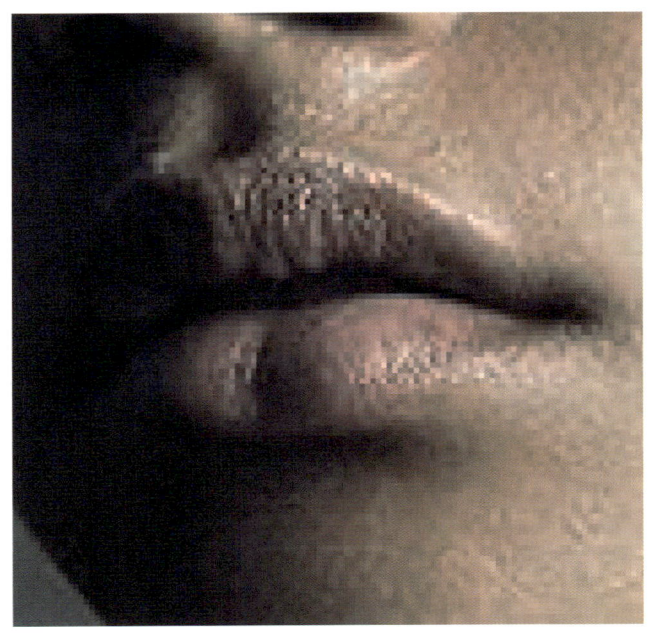

- 입술의 방향을 확인하여 기울기를 잡아준다.
- 윗입술과 아랫입술의 부피감을 잡아주고 벌어진 입술의 위치를 잡는다.
- 빛의 방향을 확인하여 명암을 표현한다.

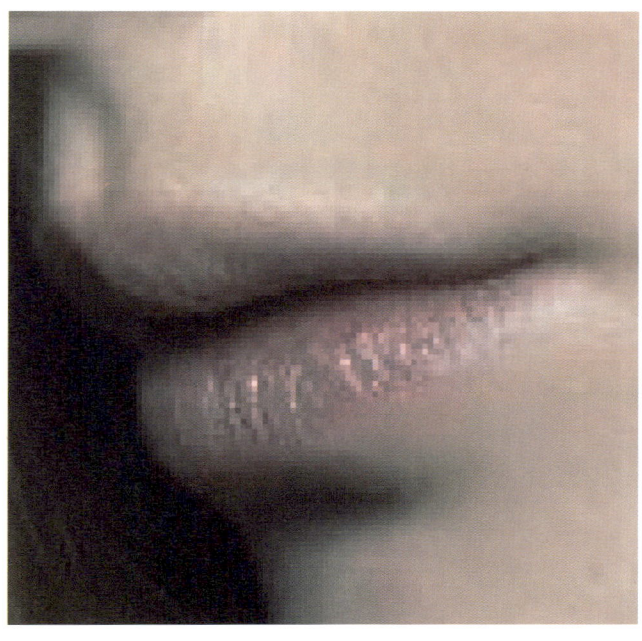

- 측면에 가까운 사면으로 입술의 명암에 유의하여 표현한다.

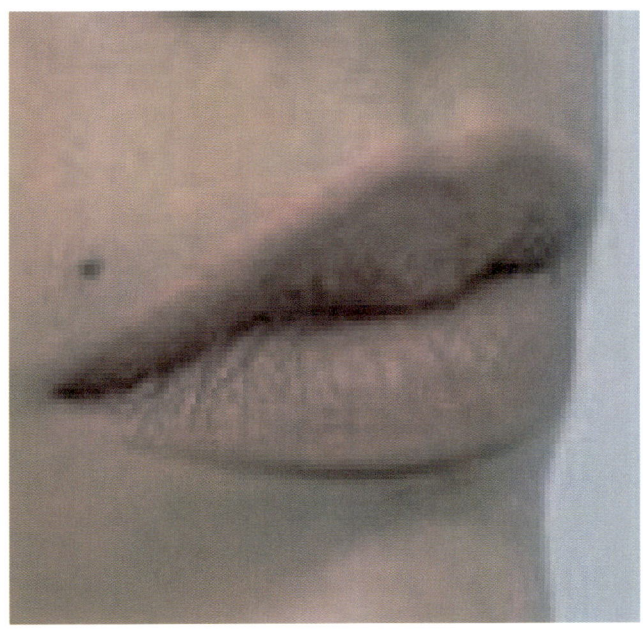

- 또렷한 윗입술라인을 표현한다.
- 중앙입술의 도톰한 볼륨을 표현할때 하이라이트와 세로입술 주름 섬세하게 표현한다.

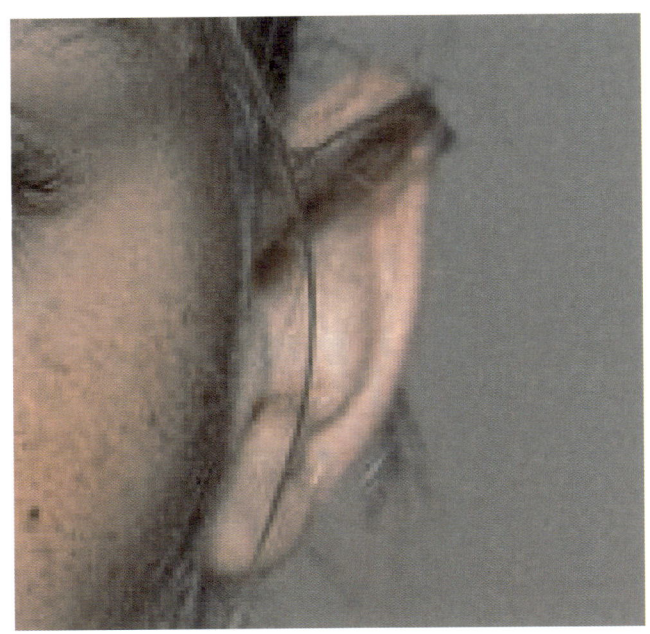

- 귀 안쪽 모양이 복잡하기 때문에 위치를 잘 파악한 후 표현한다.
- 이륜 가장자리 부분을 밝게 표현하지 않는다.

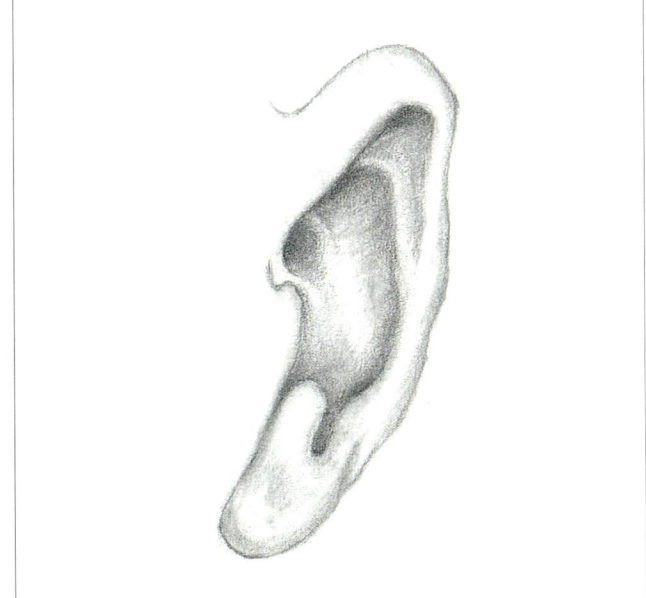

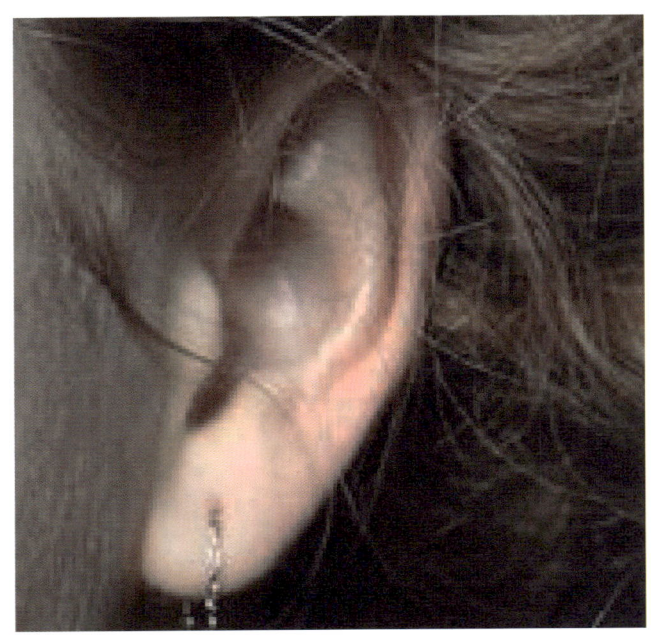

- 귀의 기울기를 파악하고 형태를 표현한다.
- 귀 안쪽과 귓바퀴의 명암이 강하게 들어가는 부분을 먼저 체크한 후 하이라이트와 비교 되도록 명암을 넣는다.
- 귓불 쪽은 밝게 남겨둔다.

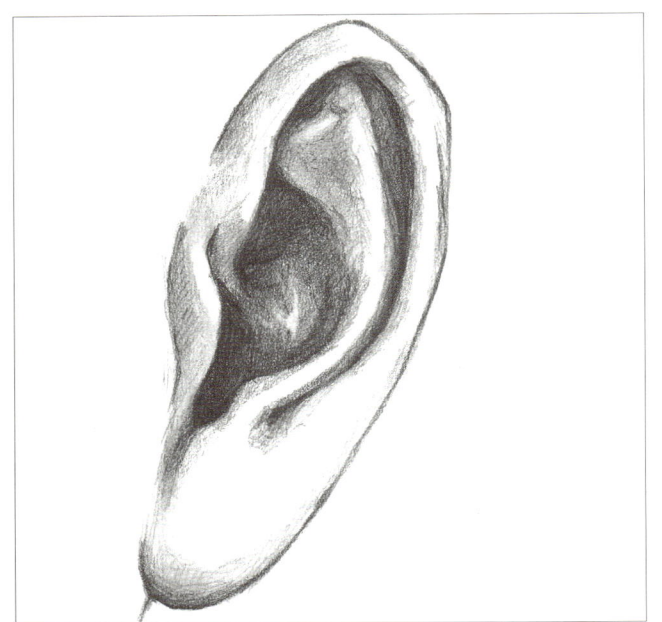

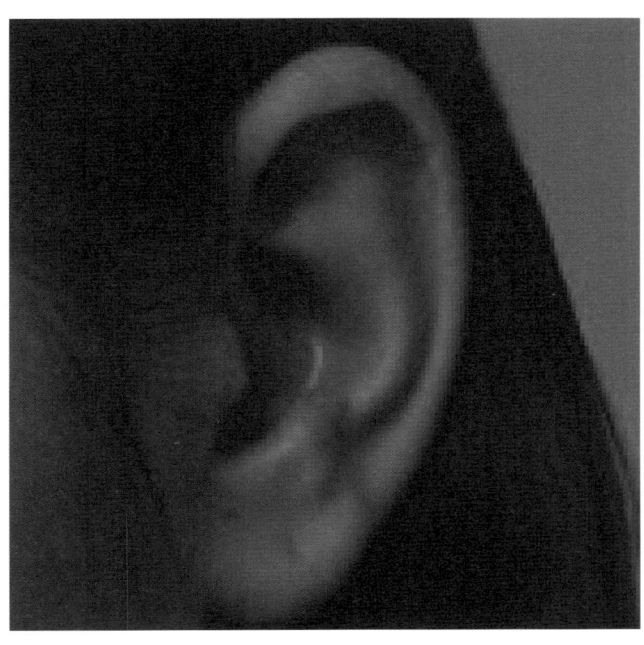

- 둥근 모양의 귀를 입체감이 표현되도록 하며 노출된 귀의 형태를 파악하도록 한다.

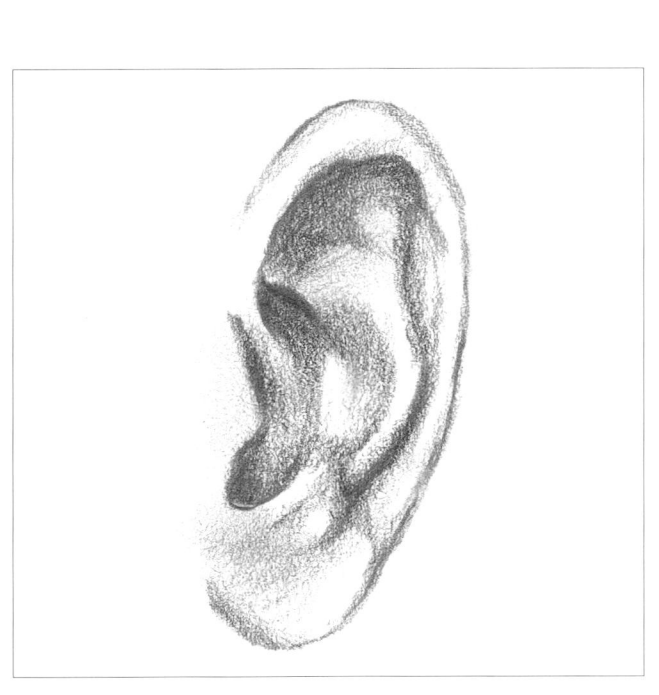

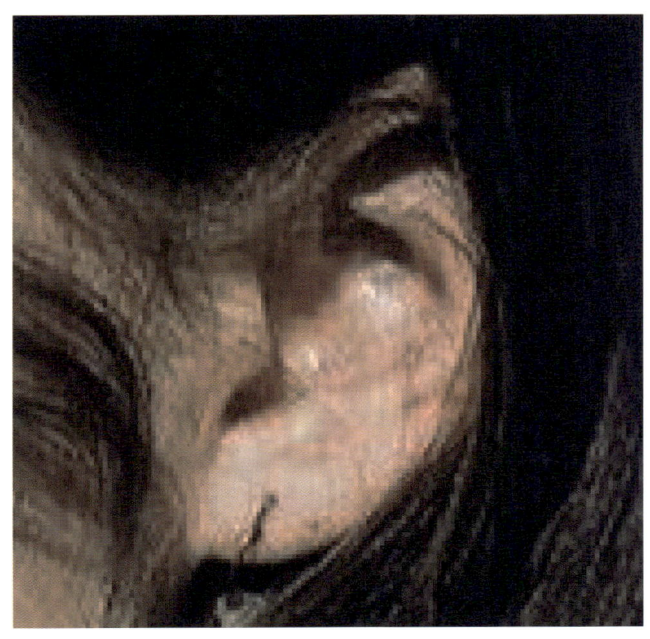

- 귀 안쪽 부분의 명암을 표현할 때 어느 부분이 가장 어두운지 먼저 파악한 후 표현한다.
- 귓불의 두께감을 만들어 준다.

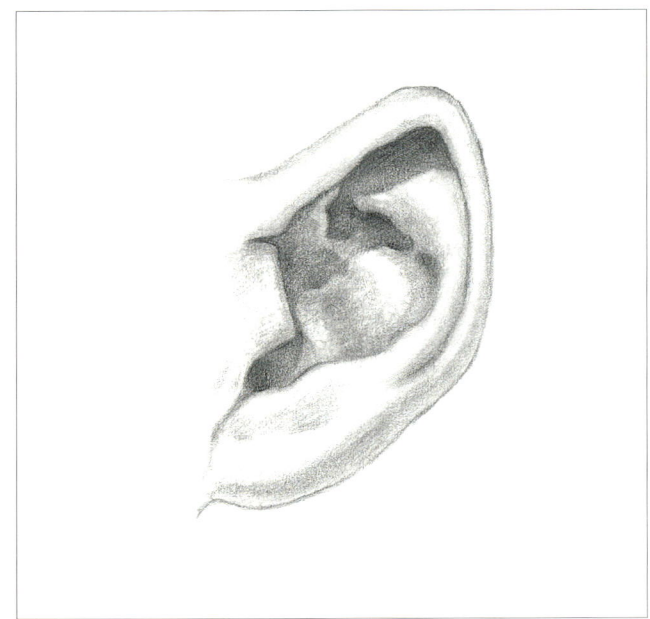

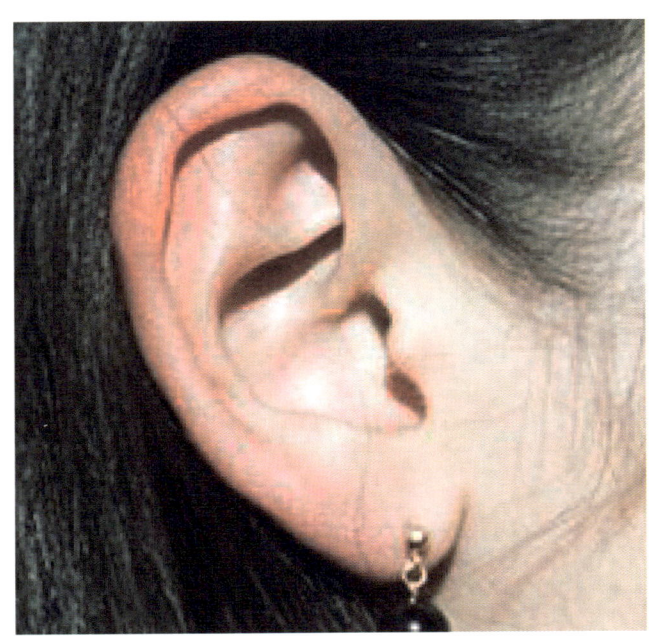

- 귀 전체의 형태감을 먼저 만들고 세부적인 귀모양을 표현한다.
- 조명을 받아 강한빛을 받는쪽의 표현에 하이라이트를 강하게 준다.

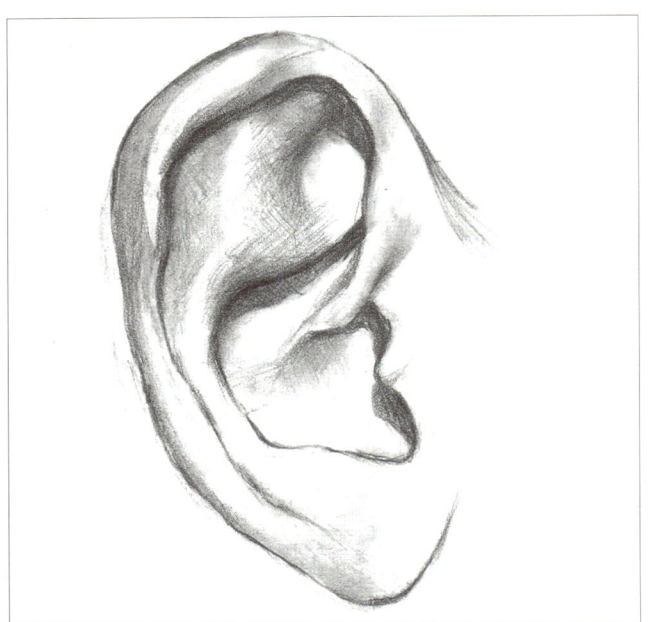

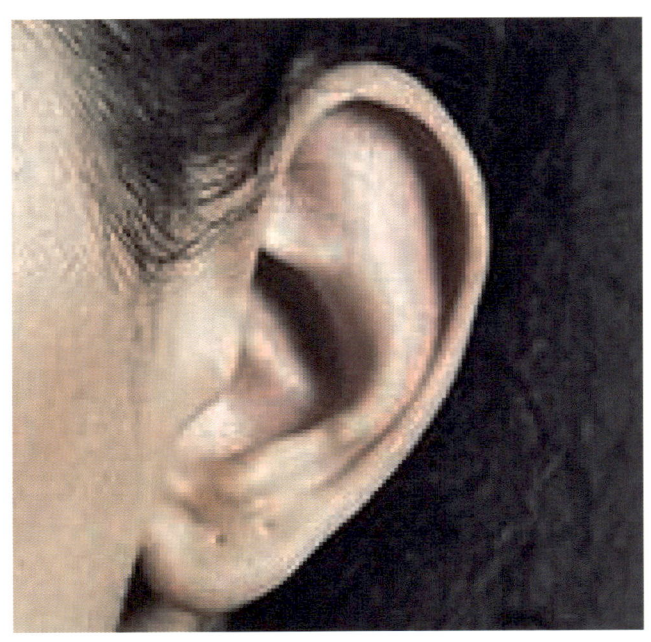

- 귀의 기울기를 파악하고 형태를 표현한다.
- 귀 안쪽과 귓바퀴의 명암이 강하게 들어가는 부분을 먼저 체크한 후 하이라이트와 비교되도록 명암을 넣는다.

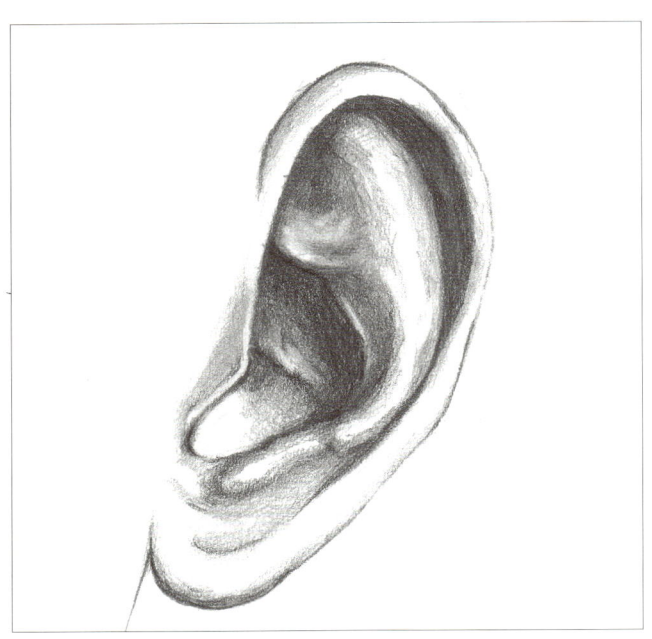

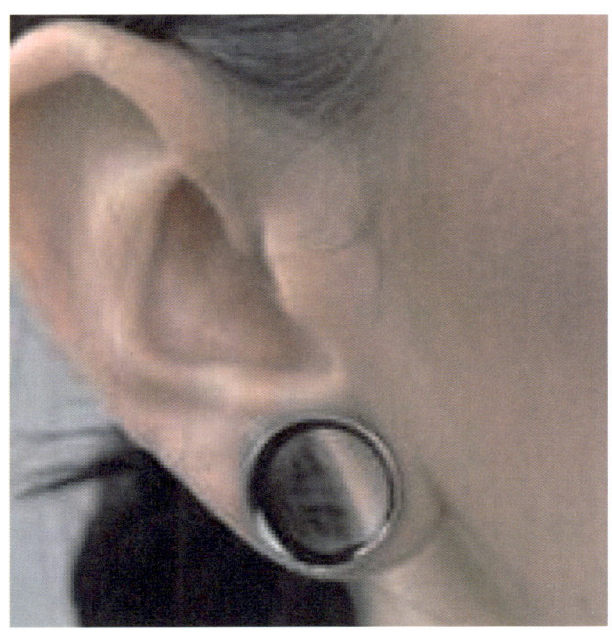

- 이륜의 접힌 부분의 입체감에 주어 명암의 대비를 강하게 표현한다.
- 내려가면서 얇아지는 귓불 형태에 주의, 두께감을 많이 주지 않는다.

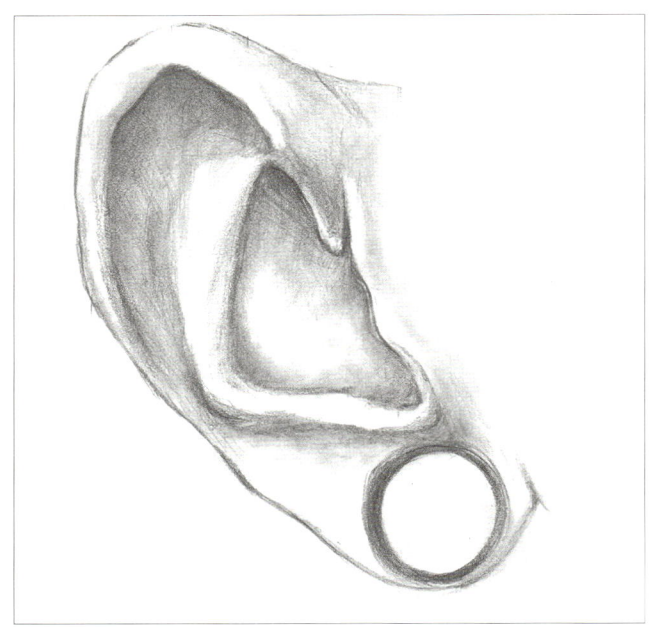

4 머리카락 그리기

1) 스트레이트

PART 3 얼굴 그리기 기초 드로잉

2) 웨이브

PART 3 얼굴 그리기 기초 드로잉

3) 땋기

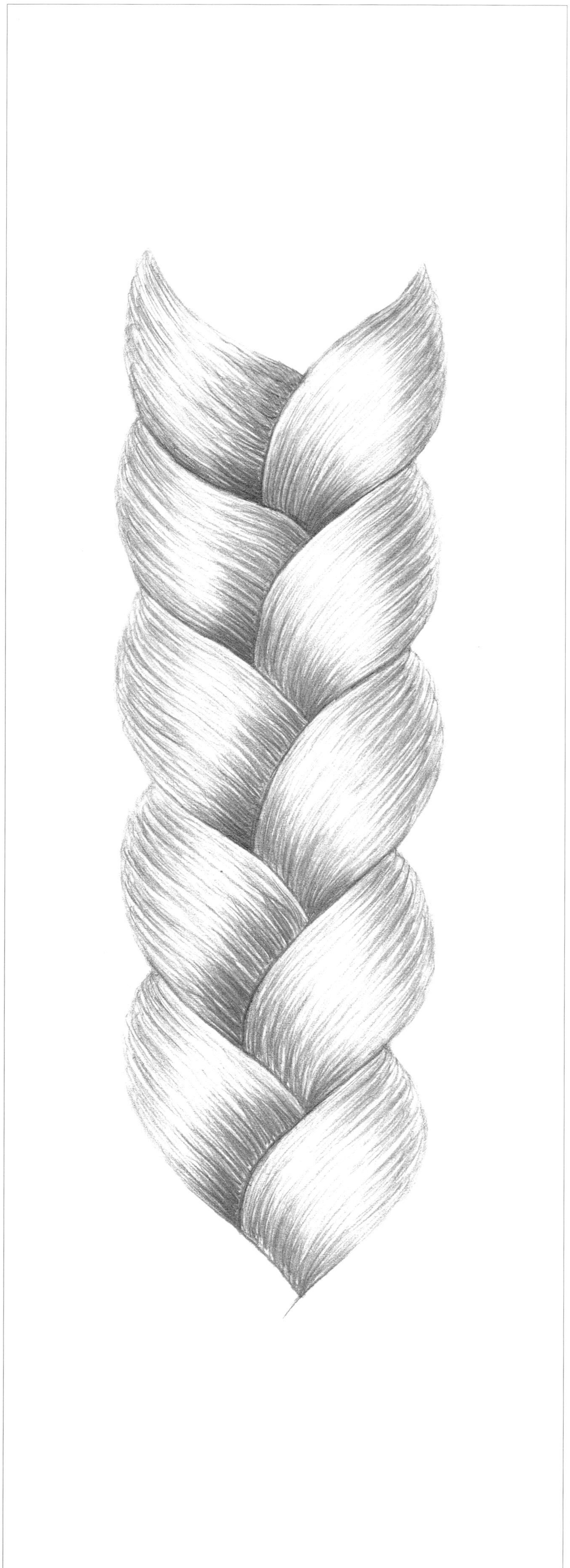

Beauty Illustration Workbook

Part4 얼굴 그리기 실전 드로잉

1. 정면 얼굴

2. 45도 얼굴

3. 90도 얼굴

1 정면 얼굴

1) 비율에 따른 여자 정면 얼굴 스케치

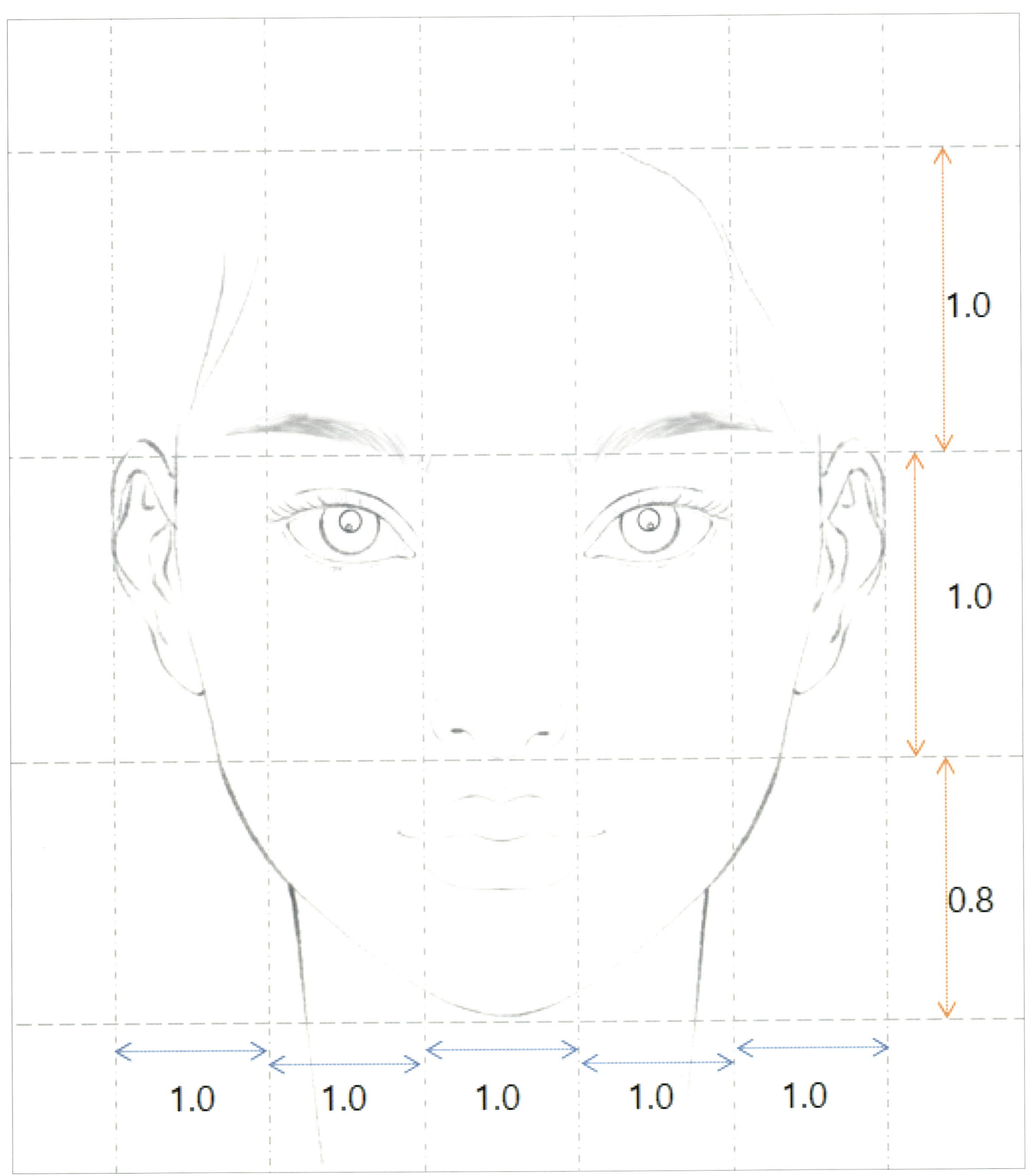

2) 여자 정면 얼굴 연습

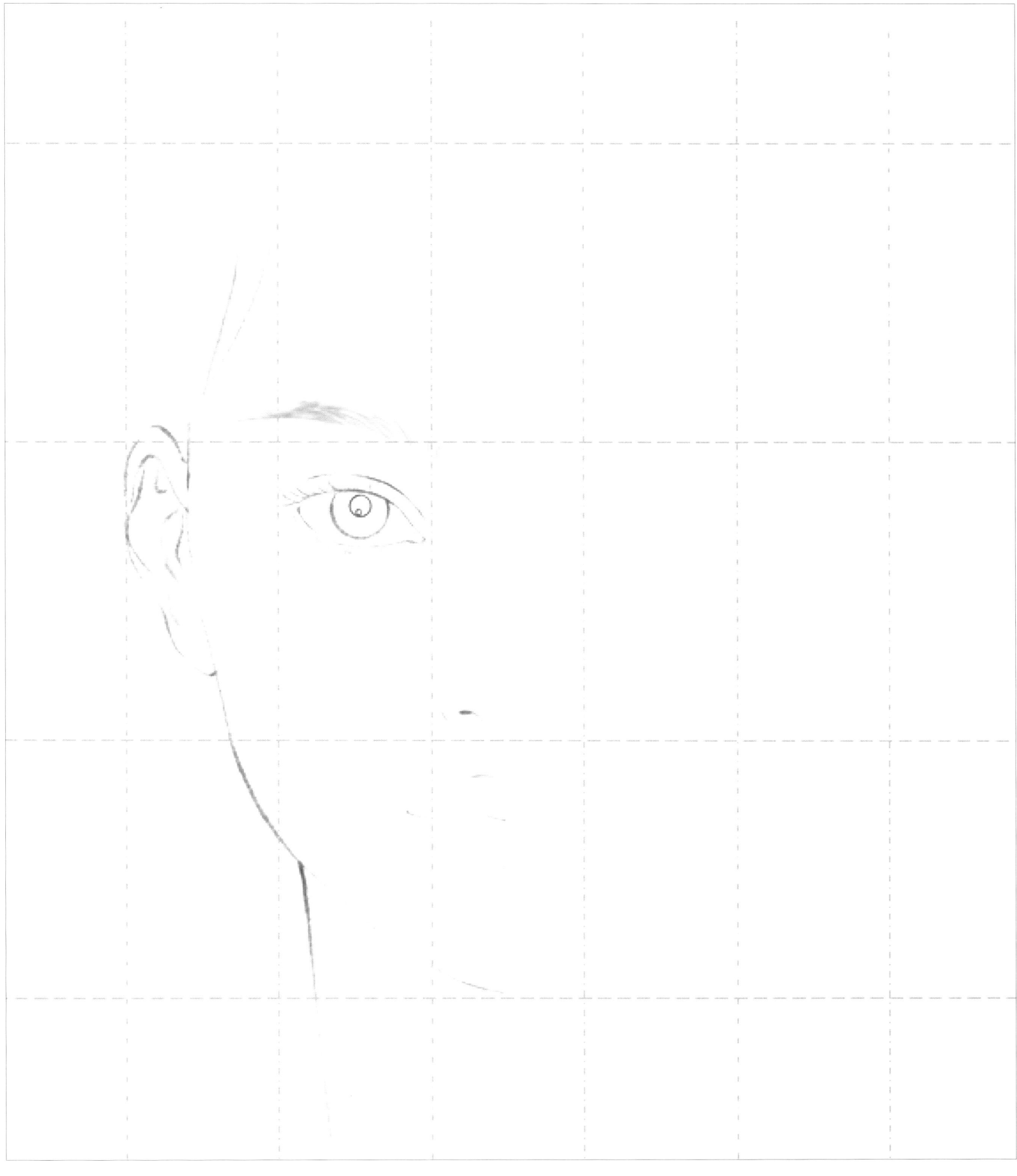

3) 여자 정면 얼굴

PART 4 얼굴 그리기 실전 드로잉

4) 비율에 따른 남자 정면 얼굴 스케치

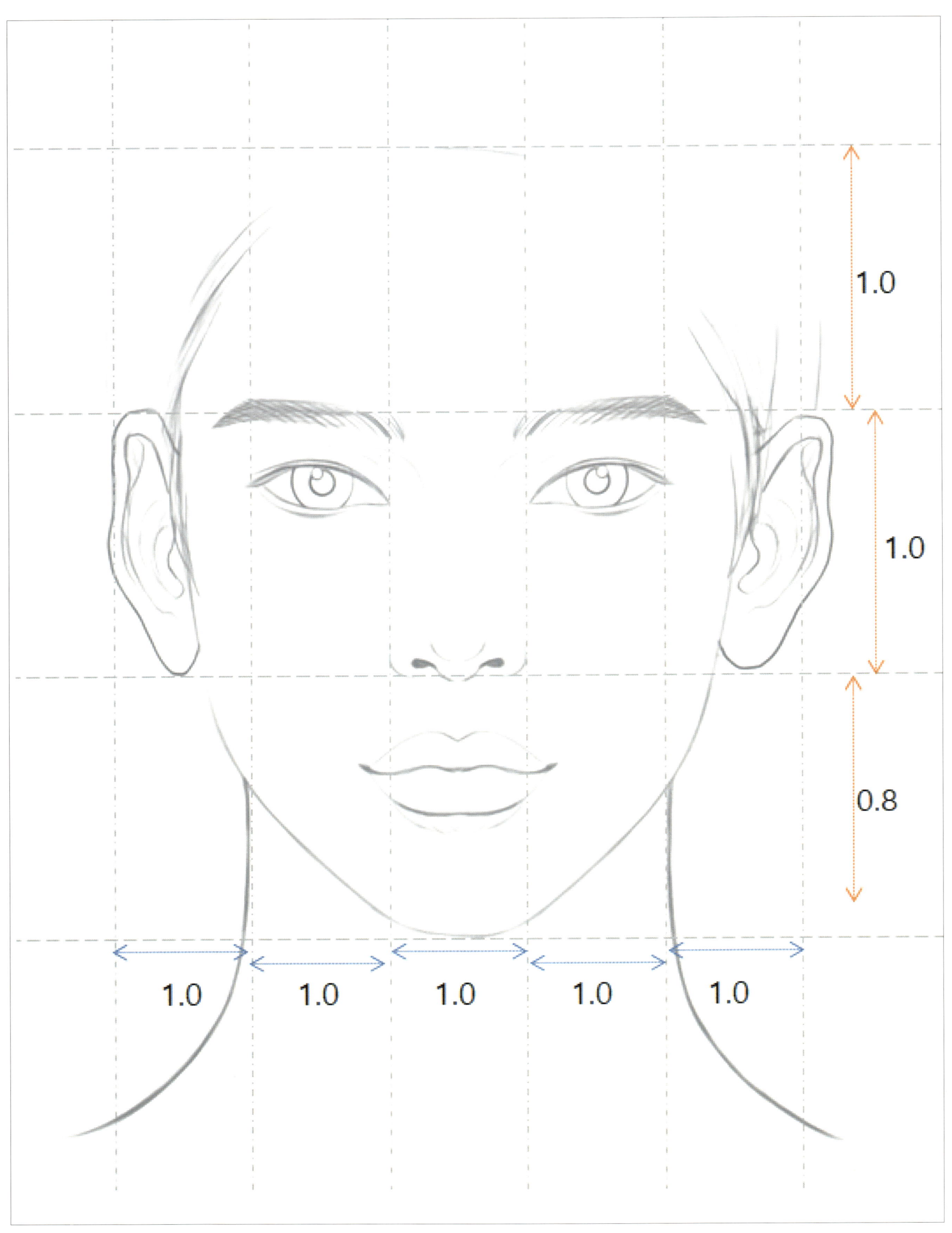

5) 남자 정면 얼굴 연습

6) 남자 정면 얼굴

PART 4 얼굴 그리기 실전 드로잉

2 45도 얼굴

1) 비율에 따른 여자 45도 얼굴 스케치

2) 여자 45도 얼굴 연습

3) 비율에 따른 남자 45도 얼굴 스케치

4) 남자 45도 얼굴 연습

3 90도 얼굴

1) 비율에 따른 여자 90도 얼굴 스케치

2) 여자 90도 얼굴 연습

3) 비율에 따른 남자 90도 얼굴 스케치

4) 남자 90도 얼굴 연습

PART 4 얼굴 그리기 실전 드로잉

05

Beauty Illustration Workbook

Part5 재료에 따른 표현 기법

1. 연필　　2. 색연필

3. 수채화　　4. 유화

5. 아크릴 컬러　　6. 펜

7. 파스텔　　8. 에어브러시

9. 콜라쥬

1 연필

재료 및 도구 : HB, 2B, 4B연필, 지우개, 자

주조색 : 블랙

작품 설명 : HB연필로 정확한 스케치 작업 후 HB, 2B, 4B연필로 입체감 있는 그러데이션 처리. 머리카락의 웨이브 컬은 밝은 톤부터 어두운 톤까지 사용, 지우개를 이용하여 하이라이트 처리한다.

재료 및 도구 : HB, 2B, 4B연필, 지우개

작품 설명 : 45도 측면의 작업 시 주의점은 둥근 얼굴의 입체감 표현과 각도이다. 양쪽 눈의 위치와 눈동자의 시선 처리 등이 처리를 정확하게 표현하여야 얼굴의 일그러짐이 없다. 그림의 오른쪽 얼굴과 가려져 있는 왼쪽의 얼굴의 균형과 각도를 주의하여 스케치하며 빛의 방향에 따른 그늘 처리와 빛 처리를 유의하여 표현한다. 헤어의 경우 단정한 느낌을 살리기 위해 한선으로 강약조절하여 표현하며 두상의 모양도 균형을 이루어 표현한다.

2 색연필

작품 설명 : 연필로 형태를 잡은 후 채색 전에 연필 선을 최소화하면서 채색한다. 흑연이 색연필과 섞이면 그림의 색상이 변질되어 원하는 색상으로 표현하기 어렵다. 옅은 선을 여러 번 겹쳐서 색을 칠하면 깊이가 있고 탄탄한 색상을 표현할 수 있다. 한 가지 색상으로 표현하지 않으며 여러 색상을 섞어서 채색하는 연습을 하면 자연스러운 색감을 표현할 수 있다.

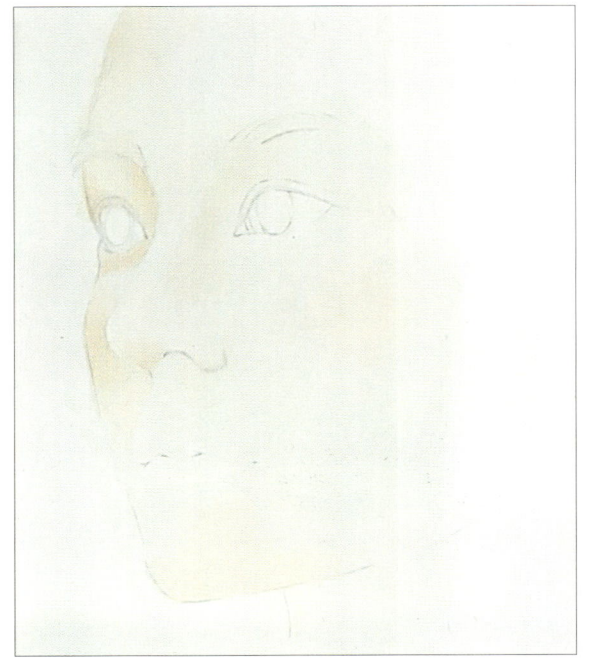
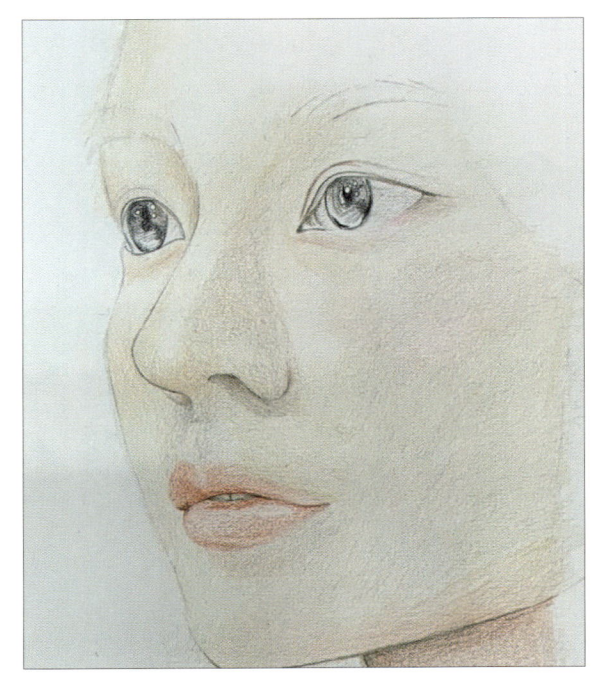

재료 및 도구 : 색연필, 캔트지
주조색 및 보조색 : black, brown, red, pitch

재료 및 도구 : 색연필, 캔트지
주조색 및 보조색 : black, brown, gray, green

재료 및 도구 : 색연필, 캔트지
주조색 및 보조색 : gray, black, brown

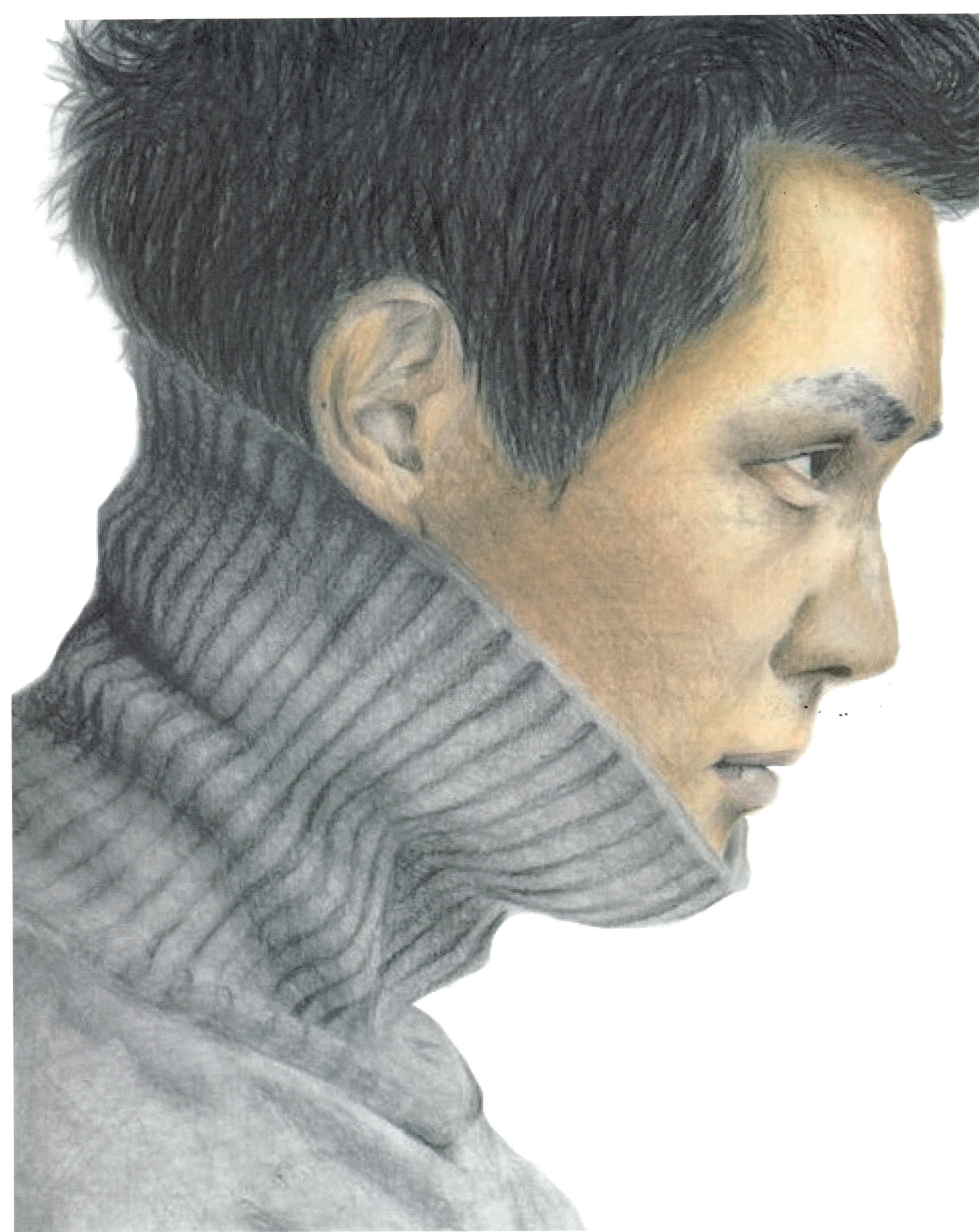

재료 및 도구 : 색연필, 캔트지
주조색 및 보조색 : white, black

재료 및 도구 : 수성 색연필, HB연필, 지우개
주조색 및 보조색 : 살몬 핑크, 옐로, 옐로 오커, 다크 브라운, 스카이 블루, 그레이, 블랙, 레드
작품 설명 : 양쪽 눈 모양의 다름에 주의하며 강렬한 눈빛을 표현하고 그에 맞는 블랙과 다크 브라운으로 채색을 하여준다. 입술의 레드컬러가 너무 강하게 표현되지 않도록 주의하며 음영의 표현이 드러나게 채색하여 준다.

재료 및 도구 : 수성 색연필, HB연필, 지우개
주조색 및 보조색 : 살몬 핑크, 옐로, 옐로 오커, 다크 브라운, 오렌지, 그레이, 블랙, 레드, 올리브

작품 설명 : 정면 방향의 얼굴이나 눈동자의 방향이 사선 위쪽으로 그려져 있다. 양쪽눈동자의 방향을 같게 하여야 하며 장난 끼가 느껴지는 표정을 표현하기 위하여 오렌지 계열의 컬러와 입술모양에 유의한다.

재료 및 도구 : 수성 색연필, HB연필, 지우개
주조색 및 보조색 : 살몬 핑크, 옐로, 옐로 오커, 다크 브라운, 오렌지, 그레이, 블랙

작품 설명 : 정면에 가까운 측면으로 빛의 방향이 아래에서 위로 처리가 되어있는 그림이다.
밝은색의 피부와 헤어를 표현하기 위하여 옐로와 오렌지 브라운을 조화롭게 사용하되 너무 진해지지 않도록 표현한다.

재료 및 도구 : 수성 색연필, HB연필, 지우개, 자

주조색 및 보조색 : 살몬 핑크, 옐로, 옐로 오커, 다크 브라운, 올리브, 그레이, 블랙

작품 설명 : HB연필로 스케치 작업 후 색연필로 채색한다. 오드 아이를 표현할 때 신비로운 홍채의 색상을 잘 관찰한 후 채색하며, 얼굴 피부의 주름 표현과 명암 표현 시 그러데이션 처리한다. 머리카락을 그릴 때 색연필을 뾰족하게 깎아준 후 선을 곱게 사용하여 금발 느낌이 나도록 표현한다.

재료 및 도구 : 수성 색연필, 유성 색연필, HB연필, 지우개, 자

주조색 및 보조색 : 살몬 핑크, 핑크, 레드, 옐로, 옐로 오커, 다크 브라운, 그레이, 화이트, 블랙

작품 설명 : HB연필로 스케치 작업 후 색연필로 채색한다. 빛의 방향에 따라 얼굴의 피부 명암 표현한다. 웨이브 컬 처리가 된 앞머리는 이마와의 공간감을 표현하기 위해서 그림자 처리, 머리카락 색상은 밝은 톤부터 어두운 톤까지 적절하게 사용하여 입체감 있는 머리카락 표현한다.

재료 및 도구 : 수성 색연필, HB연필, 지우개, 자
주조색 및 보조색 : 살몬 핑크, 핑크, 레드, 옐로,
옐로 오커, 다크 브라운, 블루, 화이트, 블랙

작품 설명 : HB연필로 스케치 작업 후 색연필로 채색한다. 오드 아이를 표현할 때 신비로운 홍채의 색상을 잘 관찰한 후 채색한다. 머리 정중앙 부분의 가르마 표현과 가르마를 중심으로 양 옆 머리카락의 볼륨감을 잘 살려 표현한다.

3 수채화

재료 및 도구 : 수성 물감, HB연필, 지우개
주조색 및 보조색 : 옐로, 황토색, 레드, 다크 브라운, 블랙, 네이비

작품 설명 : 수채화는 빠른 시간에 채색을 하여야 하며 과감한 붓터치가 필요하다. 붓 터치가 여러 번 들어가면 얼룩이 생길 수 있으므로 주의하여야 하고, 가는 눈썹이나 헤어는 세필 붓으로 섬세하게 마무리 표현한다.

4 유화

재료 : 캔버스, 유화
주조색: brwon, white sepia

5 아크릴 컬러

재료 : 캔버스, 아크릴 컬러
주조색 : black, yellow, red, yellowgreen

6 펜

재료 : 캔트지, 펜
주조색: black
기법 : 펜을 이용하여 선이 끊어지지 않도록 한 선으로 드로잉한다.

▶ 학생 작품

▶ 학생 작품

재료 : 캔트지, 펜, 로트링펜, 수채물감
주조색 : black, red, yellow, blue

기법 : 연필을 이용하여 스케치 한 후 수채물감으로 채색, 건조시킨 후 로트링펜으로 전탱글기법과 점묘법을 혼합하여 점으로 표현한다.

7 파스텔

재료 : 캔트지, 색연필, 파스텔, 스텐실, 포스터컬러, 지우개
주조색 : red, blue, purple

기법 : 색연필을 이용하여 캔트지에 인물을 스케치한 후 넓은 면은 파스텔을 이용하여 채색, 좁고 날카로운 부분은 색연필을 이용하여 채색, 머리카락의 하이라이트 효과는 포스터컬러를 이용, 바탕은 파스텔로 채색 후 지우개와 스텐실을 이용하여 공기방울을 표현한다.

8 에어브러시

재료 : 에어브러시, 포토샵 프로그램
주조색: white, black, mint
기법 : 에어브러시를 이용하여 바디토루소에 독수리를 스케치하고 에어브러시로 채색, 준비된 사진에 포토샵 프로그램을 이용하여 촬영한 바디토루소를 합성한다.

재료 : 석고바디, 에어브러시, 큐빅, 우드락글루, 스탠실
주조색: black, yellow, pink, purple, blue, green
기법 : 석고를 이용하여 바디틀을 만든 후 에어브러시를 이용하여 바탕을 채색, 스탠실을 대고 에어브러시를 이용하여 컬러링, 우드락글루를 이용하여 큐빅을 부착한다.

▶ 학생 작품

9 콜라쥬

재료 : 캔트지, 색연필, 포장지

주조색: black, yellow, cyan, pink

기법 : 색연필을 이용하여 캔트지에 인물드로잉과 채색을 하고 바탕은 포장지를 자유롭게 잘라서 캔트지에 마감한다.

재료 : 캔트지, 색연필, 스팽글, 3M스프레이접착제
주조색: black, red
기법 : 색연필을 이용하여 캔트지에 인물드로잉과 채색을 하고 얼굴과 배경에
  다양한 컬러와 다양한 모양의 스팽글을 부착한다.

▶ 학생 작품

재료 : 하드보드지, 색연필, 물감, 펄파우더, 큐빅, 우드락본드
주조색: black, white, red
기법 : 하드보드지에 색연필을 이용하여 인물을 드로잉하고 채색한 후 펄과 큐빅을 이용하여 하드보드지에 부착, 배경은 검정색 물감으로 채색 한 후 화이트색연필을 이용하여 도시의 야경을 스케치한다.

▶ 학생 작품

▶ 인간의 욕망을 하늘과 바다의 깊고 높은 이상에 대비하여 표현

재료: 에어브러시, 연필, 색연필, 펄파우더, 알지네이트(석고작업용), 글루건(3D작업), 붓펜, 큐빅오브제, 금분, 석고
주조색: 블루, 옐로, 퍼플, 핑크
기법: 에어브러시를 사용하여 바탕색 및 석고 오브제 채색, 포스터 컬러 및 수채화물감으로 포인트 컬러 채색한다.

▶ 인간 내면의 다양한 표정과 아름다움을 표현

재료 : 에어브러시, 연필, 색연필, 펄파우더, 알지네이트(석고작업용), 글루건(3D작업), 붓펜, 큐빅오브제, 금분, 석고

주조색: 블루, 옐로, 블랙, 핑크

기법 : 에어브러시를 사용하여 바탕색 및 석고 오브제 채색, 포스터컬러 및 수채화물감으로 다양한 문양 채색, 연필 및 펜을 사용하여 얼굴형태 및 머리카락 표현 포인트 컬러 채색한다.

▶ 전체 그림

▶ 여자의 욕망을 마녀라는 캐릭터를 도용하여 다양한 얼굴형태로 표현

재료 : 에어브러시, 연필, 색연필, 펄파우더, 알지네이트(석고작업용), 글루건(3D작업), 붓펜, 큐빅오브제, 금분, 석고

주조색 : 블루, 옐로, 블랙, 핑크

기법 : 에어브러시를 사용하여 바탕색 및 석고 오브제 채색, 포스터컬러 및 수채화물감으로 다양한 문양 채색, 연필, 4B 및 볼펜을 사용하여 얼굴형태와 머리카락 표현 및 포인트 컬러 채색한다.

▶ 학생 작품

참고문헌

- 구아과(2009). 인물중심의 illustration연구: 유에민준의 작품을 중심으로. 배재대학교 대학원 석사학위논문.
- 김태윤(2012). 드로잉의 시작과 끝(완성). 미대입시사.
- 김효정 외 7인(2009). Beauty ILLUSTRATION. 청구문화사.
- 박정수(2020). 패션일러스트레이션 노트. 교학사.
- 박진희(2009). FASHION ILLUSTRATION. 서울:경춘사.
- 안연희(1999). 현대미술사전. 서울:미진사.
- 연문희(2007). FASHION DRAWING. 서울:교학연구사.
- 양설영(2018). 일러스트레이션 활용한 중국 영화 포스터 디자인에 관한 연구: 본인 작품을 중심으로. 중앙대학교 예술대학원. 석사학위논문.
- 우미옥 외 7인(2013). 뷰티일러스트레이션. 메디시언.
- 월간미술(1999). 세계미술용어사전. 월간미술.
- 장미숙 외 1인(2012). 패션 뷰티일러스트레이션. 경춘사.
- 한지수(2013). 뷰티일러스트레이션. 경춘사.